新型重介质旋流器的
流体力学特性分析及应用

张谌虎　著

北　京

冶 金 工 业 出 版 社

2023

内 容 提 要

本书以传统水力旋流器为原型，在常规水力旋流器的分选理论基础上进行数值模拟与优化，掌握了旋流器中 CFD 模型分选的流场规律，进而建立重介质旋流器分选机理的 CFD 模型。通过多因素的模拟计算对速度场、压力场、涡流场等参数的分布趋势进行分析，探究了不同结构参数的流体力学特性影响机理，确立了最优化的结构设计方案。另外，通过小型重介质旋流器分选试验系统的建立，将双锥重介质旋流器在 3 种典型有色金属矿石进行应用，对硫化铅锌矿、氧化铅锌矿及稀有轻金属锂矿进行工业试验推广，结果表明新型重介质旋流器在实际工业生产过程中能有效降低生产成本、优化选别指标，取得了明显的应用成效。

本书可供矿物加工工程、环境工程等领域的研究人员和生产技术人员阅读，也可作为相关专业师生的参考书。

图书在版编目（CIP）数据

新型重介质旋流器的流体力学特性分析及应用/张谌虎著 . —北京：冶金工业出版社，2023. 8
　 ISBN 978-7-5024-9580-0

　 Ⅰ . ① 新 …　 Ⅱ . ① 张 …　 Ⅲ . ① 水力旋流器—流体力学—研究
Ⅳ. ①TD454

中国国家版本馆 CIP 数据核字（2023）第 136885 号

新型重介质旋流器的流体力学特性分析及应用

出版发行	冶金工业出版社	电　　话	(010)64027926
地　　址	北京市东城区嵩祝院北巷 39 号	邮　　编	100009
网　　址	www. mip1953. com	电子信箱	service@ mip1953. com

责任编辑　郭雅欣　美术编辑　吕欣童　版式设计　郑小利
责任校对　葛新霞　责任印制　禹　蕊
三河市双峰印刷装订有限公司印刷
2023 年 8 月第 1 版，2023 年 8 月第 1 次印刷
710mm×1000mm　1/16；9.25 印张；158 千字；138 页
定价 69.00 元

投稿电话　（010）64027932　投稿信箱　tougao@cnmip. com. cn
营销中心电话　（010）64044283
冶金工业出版社天猫旗舰店　yjgycbs. tmall. com
（本书如有印装质量问题，本社营销中心负责退换）

前　　言

不同力场下的微细粒分选是现代分选中极其重要的环节，由于不需要或少添加化学品和微生物制剂，因此在生产过程中对环境保护和成本控制方面有突出的优势。重力场分选（重选）作为一种古老的选矿方法，以其零污染、耗能少、配置简便、建设快等优点，在矿物加工领域依然扮演着独特而重要的角色。

如今，在分选作业的生产过程中，重介质旋流器的应用屡见不鲜。因其具备设备体积小、本身无运动部件、处理量大、分选效率高及污染小等特点，在选煤领域应用广泛，特别是对微细粒级的煤矿选别效果较佳。然而，重介质旋流器在有色金属矿的应用研究极少，故本书基于有色金属资源选矿需求设计开发出一类新型重介质旋流器，对矿产资源的高效利用及环境保护具有非常重要的理论意义和实际应用价值。

本书以传统水力旋流器为原型，在成熟的理论基础上结合计算流体力学（CFD）方法建立与实际匹配的分选模型，揭示旋流器内部流场的分选机理。同时进行实际机械模型的创新设计与优化，得到新型重介质旋流器关键结构的设计优化方案，实现新型设备的成功研发。

本书分为7章，第1章概述了微细粒分选的基本情况及重介质旋流器的发展研究现状，并简述了本书的技术路线；第2章简述了重介质旋流场理论计算方法，着重阐述了旋流器内部压力分布与损失情况；第3章详述了传统水力旋流器基础流体力学方程的建立过程，在常规水力旋流器分选理论研究的基础上采用雷诺应力湍流模型、混合模型与自由表面结合的多相流动模型对旋流器内气-液和液-固流场进行优化计算；第4章阐述了双锥重介质旋流器的数值模拟优化过程，研究了重介质旋流器内速度场、压力场、涡流场及空气柱等的特点，掌握了物理结构的关键作用因素，并根据不同的结构参数模拟结果确立最优化的结构设计方案；第5章以云南某地的低品位硫化铅锌矿为研究对象，验证双锥重介质旋流器的工艺流程方案和经济指标的稳定性与可靠性，并通过实际结果改进和完善各项结构参数，为低品位难选硫化矿开发利用提供可靠的工艺路线；第6章以含泥量大的难选氧化矿铅锌矿作为研究对象，详细考查了重介质旋流器的结构参数及操作条件对分选指标的影响规律；第7章以重介质旋流器对锂辉石的回收工业推广应用为例，成功实施了重介质—浮选联合工艺，进一步证明双锥重介质旋流器可用于稀有轻金属锂矿的高效回收，与传统浮选分离的工业技术经济指标对比具备显著优势。

本书的许多研究工作得到了中南大学资源加工与生物工程学院、昆明冶金研究院有限公司及六盘水师范学院矿物加工工程专业的大力支持。感谢胡岳华教授、孙伟教授、高志勇教授、刘润清教授、简胜正高级工程师、杨林高级工程师等专家的指导和帮助。感谢贵州省一流学科（群）-矿业工程（黔教XKTJ〔2020〕23）、贵州省高等学校煤系共伴生固体高效清洁利用创新团队（黔教技〔2023〕87号）六盘水复杂矿产资源高效清洁利用重点实验室（项目号52020-2019-05-06）、六盘水师范学院矿物加工工程专业给予本书研究与出版工作的支持。

由于作者水平所限，书中不足之处，恳请广大读者批评指正。

作　者

2023年2月

目　　录

1 绪　　论

1.1　微细粒分选中不同力场的研究现状

微细粒分选作为现代高新技术领域中的一项重要技术，技术核心在于微小颗粒间的选择性分离。此类技术是在微纳米技术的推动下得以快速发展，而且被广泛地应用于矿物、生物学和化工等领域。自微细粒分选技术出现以来，许多专家学者一直在探索更高效和更精准的分选方法，他们不断进行研究与创新，开发了许多微米级颗粒分离技术，以满足各个领域的需求。同时，为了更好地适应市场需求，各类先进设备层出不穷，如高倍率显微镜、扫描电子显微镜、离心机、电磁场分离装置、超声波分选器等。

分选力场主要有电选、磁选、光学分选和重力场分选等。其中，电选是利用物料在电场中的电性差异进行分选，主要用于石英等介质颗粒；磁选则是运用物料在磁场中的磁性差异进行分选，主要用于磁性材料的分离；光学分选主要利用物料对光的吸收、散射和透过特性进行分选，主要应用于颜色或形状有所区别的微粒；重力场分选则是通过物料在不同密度介质中，受相互作用力作用而实现的分选，常见的有沉降法、浮选法等。

总之，微细粒分选技术在不断地完善和升级，其发展前景广阔。

1.1.1　电选

电选是一种广泛应用的分选技术，通过对粒子带电状态的调控来实现筛选或分离。其中，电泳和矿物电选是电选技术中最主要的两种类型。

电泳是利用均匀电场对流体中带电颗粒的运动产生影响，从而实现颗粒分离。1809 年，Reuss 观察到分散在水中的黏土颗粒在施加电场的影响下发生了迁移，从而发现了电泳技术[1]。它主要应用于分离不同类型的带电粒子和胶体颗粒等。在微米级颗粒分离中，常使用浓度梯度电泳和毛细管电泳等高效分离技术。

在矿物领域中，该方法理论上适用于所有类型的矿物分选，包括导体、半导体和非导体矿物[2]，通过调节不同条件下的电场，利用矿物粒子电性之间的差异进行分离。因此，矿物电选作为一种重要的选矿手段，不仅具备高效、低污染等显著优点，还能实现一些特殊矿物原料的高效筛选和提纯[3]。

目前，矿物领域中电选的设备主要以静电选矿机[4]、复合电场电选机[5]和电晕选矿机[6]为主。为了让某些目标矿物带电，根据不同的带电的方式，也可分为接触带电电选、摩擦带电电选及电晕带电电选。

尽管电选技术具有成本低、污染小、分选效果好等优势，但其仍存在许多局限性，如可处理的矿物粒度范围窄、单位时间处理能力有限等，同时，原料也需预先干燥、预先筛选等工序进行处理，这些均是不利性因素[7]。因此，电选主要用于处理一些特定矿物，如钛铁矿、白钨矿、锡石及金红石等。目前电选研究方向主要有：

（1）矿物电选理论研究。矿物的电选研究已有 100 多年的历史，主要研究的关注点在静电、电晕和复合场等分选理论研究。目前，介电分选、高梯度电选和摩擦电选的理论研究也备受重视。

摩擦电选是一种干法分选技术，通过两种或多种物质相互碰撞、摩擦等过程中的带电效应和物质电学性质的差异对物料进行分选[8-11]，这类分选技术得到了广泛认可。陈清如院士指导中国矿业大学的许多研究人员进行了大量试验研究，系统阐述了矿物间摩擦电选的主要影响因素，并建立了相对湿度、温度等因素与摩擦荷电比例的关系模型。章新喜等人[12]则通过研究火电站燃前煤粉的摩擦电选在线脱硫模式，阐明了应用摩擦电选技术与电站制粉工艺集成的技术路线合理性，为现场运用摩擦电选的可行性及应用前景提供了坚实依据。

（2）高效电选设备研制。矿物电选的主体是电选设备，而当前矿石资源日益枯竭，社会对产品质量也提出了越来越高的要求，这就意味着电选设备必须具备更高的处理能力和分选效率。在此背景下，2005 年，G. Dodbiba[13]利用旋风分离器作为摩擦装置对 PP、PET、PVC 的混合物进行了摩擦电选研究，如图 1-1 所示。尽管该类设备在实验室中表现良好，但在现场成功案例数量较少，处理能力较小，分选效率也比较低。

（3）微细粒物料电选研究。在当前矿物加工领域中，贫、细、杂的矿物

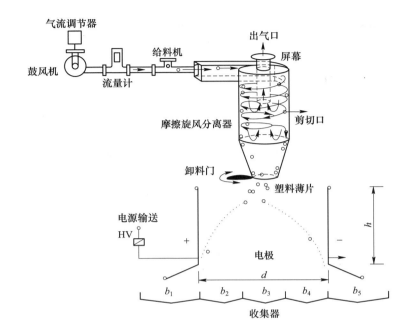

图 1-1   旋风分离器式摩擦电选装置

资源已经成为一种新常态，大量研究人员将重点放在如何有效解离、高效回收及最大化利用有价金属资源上。因此，矿物电选同样面临着这些问题。

近年来，国内外都十分重视微细粒物料电选的研究，并取得了一定的研究成果[13-14]，但总体而言，这方面的研究仍需进一步深入，发展出更加先进、高效的电选设备，以满足社会的需求。

1.1.2 磁选

磁分离技术被广泛应用于生物医学[15]、生物工艺[16]、药物标记[17]及运输和分离等领域[18]。该技术的原理十分简单，即通过在适当位置放置磁铁，实现对具有磁性的颗粒进行留存，而非磁性颗粒则可自由通过的功能，该过程称为磁激活分选（MACS）[19]。图 1-2 所示为磁选应用示意图，图中含有磁性和非磁性颗粒的样品通过通道，磁性颗粒在磁场力作用下被分离出来，而非磁性颗粒则不会偏转路径，可以在另一端被收集。

高梯度磁选分离技术已广泛应用于各种工艺流程中，如生化分离和污染

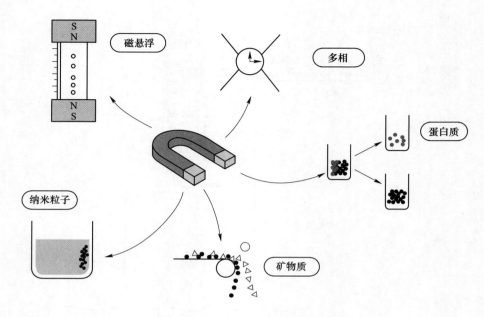

图 1-2　磁选应用示意图

物净化[20-22]。此外，在矿物加工领域中也得到了大规模的生产应用[23]，由于其高效、环保等优点及对微细粒矿浆浓度要求不高，已成为磁选分离中的主导技术[24]。2014 年，攀枝花钢铁集团成功采用超大型 Slon-4000 脉动高梯度磁分离机回收了大量废弃尾矿中的有价钛铁矿，其处理能力达 500t/h，并显著降低尾矿能源消耗至 0.32kW·h/t[25]。同时，熊大和等学者[26]也证明了脉动高梯度磁分离技术在铁和钛的氧化矿中去除石英、长石和高岭土等脉石矿物具有良好效果。因此，该技术在磁选分离领域的推广与应用变得更加重要，并且也带来了显著的商业利益。

　　在高梯度磁分离过程中，物料颗粒所受到的主要力包括磁力、浮力和重力。然而，由于磁力对于颗粒整体行为的控制占据主导地位，因此磁力的分布对于高梯度磁分离的性能具有显著影响。根据陈文升的研究结果[27]可知，强大的磁力会夹带大量非磁性颗粒进入磁性产品，从而减小分离效果并降低产品质量。更糟糕的情况是，大量的非磁性颗粒夹杂在运行的磁矩阵中导致机械堵塞。

　　虽然自 1980 年以来采用了圆柱脉动矩阵改善了上述问题，但是目前脉动高梯度磁分离的选择性仍然不足以生产高品质的磁产品。因此，脉动高梯度磁分离更多地被用于生产强磁性产品，并与其他工艺联合回收[28]。例如，通过磁选—浮选联合工艺可产出合格的磁性产品[29]。A. S. Bahaj 等人[30]尝试提高矩阵振动选择性分离，并且所开发的全面干振动高梯度磁分离器已经在非金属材料净化方面有所应用[31]，这为脉动高梯度磁分离技术的改进提供了一些启示。

鉴于此，分离的选择性一直是矿物颗粒分选研究的核心问题。许多高梯度磁分离的方法研究都围绕该方向展开，值得广大专家学者进行深入的创新。如今，在离心高梯度磁分离（CHGMS）领域出现了一种新的改进方法，该方法已于 2015 年在电磁 CHGMS 分选方面得到广泛报道。该研究重点关注半工业规模 CHGMS 分离器的设计，其运行依赖于部分关键参数的准确设置，如离心加速度、进料体积和流量等数据。现有的成功案例是对细粒级的钛铁矿浆进行集中循环工艺处理，在半工业规模下可以生产出合格的磁性产品，并且铁品位高达 60% 以上，分离效率也在 70% 以上。值得注意的是，在半工业规模下，微细粒的铁矿浆浓度达到了 78.70%，90% 以上的粒度均小于 43μm[32]。

1.1.3 光学分选

众所周知，在矿物提取过程中，采矿作业与破碎、磨矿过程会消耗大量的能源。为了节省能源，提高生产效率并减少无用矿物解离的浪费，科学家们研究出了一种新的矿物加工分选方法——光学分选。该方法利用颗粒不同的光反射特性进行分离，首先剔除贫瘠物料颗粒，由于非金属矿物材料普遍具有传导热低及对光反射吸收等独特性质，且由于机械力拆分实现不了对微细粒物料的适度分离，因此采用光学分选技术可以有效提高磨矿细度，降低磨矿能耗。

目前，光学分选已经广泛被应用于采矿行业、废物处理和食品工业等领域[33-34]。为了获得高效的处理能力、分选效率和性能，更多的研究工作围绕此方向不断开展。随着光学分类器的发展和创新，光学分选技术将会不断进步，并成为矿物加工领域的重要研究方向之一。

Dholakia 等人[35]发明了一种最新的技术——激光分类，采用势能图谱的光学梯度力将粒子分类。这种力会根据粒子的大小、方向和性质使其偏离原先的路径。通过在每个腔室中规律性地放置 3D 光学晶格（见图 1-3），根据设定的选择标准对粒子进行分类。

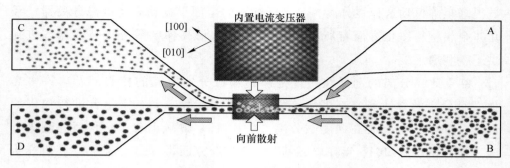

图 1-3　激光分选概念示意图

光学分类技术因其可携带性具有适用于地下环境、适用于不同粒径的颗粒及较少的操作需求等优点，在矿业领域得到了迅速的发展和广泛应用。光学分选已被应用于宝石开采，如钻石、绿宝石、红宝石等工艺矿物质及贵金属（黄金、白银、铂等）的开采[36]。

为了有效地进行矿石分选，光学分类技术需要满足两个标准要求。

第一个标准要求是根据不同质量分数的矿石特征设置进给速率、颗粒大小等参数，以实现有效的分离。虽然理论上可以使用高分辨率摄像机对 $0.5 \sim 1$ mm 范围内的颗粒粒径进行筛分，但由于成本和技术限制，目前仅成功应用于 $1 \sim 2$ mm 范围内的颗粒径，如分选钻石、宝石和岩盐等工艺矿物。因此，光学分选技术的一个劣势在于需要保证较窄的颗粒尺寸分布来提高分离效率，通常最小颗粒粒径与最大颗粒粒径比例约为 $1 : 3$[37]。

第二个标准要求是通过设定合理的识别参数来实现接受和排除的功能。为了确保光学分选技术的成功运行，需要高分辨率和速度的传感器/摄像机、兼容的硬件、相关功能软件和大量专家团队对数据进行分析[38]。在光学分选过程中，光学分类器的准确性依赖于电磁辐射的可见光覆盖范围。在可见光条件下，光学分类过程中系统能够更快地响应表面颜色同质性更高的颗粒，主要集中在亮色系列中，其中大部分是以灰度或白色为主，特别是优先选择排除浅色颗粒的原料流[39]。虽然相同矿物表面粒子具有非常相似的颜色，但大多数自然异构表面颜色分布在低表面粒子之间的颜色区域内。因此，在确定光学分类阈值时，颗粒的分类可能会变得困难，通常是在不同光照射条件下，通过比较颗粒的表面颜色差异来进行分类。

为了提高光学识别与分选的效率，国内外专家学者进行了大量研究。Fitzpatrick 等人[40]通过 Co-ejections CFD-DEM 模型计算模拟研究了粒子之间的关系，预测了分选机的实际分选效率，并建立了分选机效率与粒子准确识别之间的关系。在实践中，可以将颗粒粒度、处理量、排除产率等影响因素参数化计算，得出特定光学性能排序的操作流程。Anselmi 和 Harbeck 等学者[41]发现，在回收菱镁矿、石英、方解石、长石等矿石时，光学分选效果显著。随着光学分选研究的深入，也逐渐显现其几大优势[42]：减少能源消耗、高效利用矿产资源、降低对水资源的需求、减少环境污染并提高后续产品的质量。

1.1.4 重力场分选

重力场分选（简称重选）作为一种古老的选矿方法，是借助于有用矿物和脉石之间的密度性质差异而实现分选的。进入 20 世纪后，重选的重要性随着磁选、浮选等选矿技术的发展及应用有所降低。现今，随着环境保护意识的提高及浮选药剂费用和含药选矿污水净化费用的上涨，重选以其零污染、耗能少、配置简便、建设快等优点，在矿山生产中仍然扮演着独特而重要的角色。同时，螺旋溜槽作为一种重选设备，因其功耗低、结构简单、占地面积小、选矿稳定、富集比高、操作简便等特点，在工业生产中已作为中间处理环节的关键设备。随着矿产资源的逐渐枯竭，采出的原矿石变得更加贫化、细粒化、杂乱，为了满足现代工业对高品质选矿产品的需求，选矿厂规模变得越来越大，磨矿粒度也变得越来越细，粒度分级的要求越来越高，提高选矿设备单机的处理能力和分选效率已成为当务之急。

1.2 重力场分选设备的研究现状

1.2.1 螺旋选矿机

螺旋选矿机是一种历史悠久且高效的重力选矿设备。它是通过设计螺旋溜槽的参数，根据斜面截面等曲线匹配不同的目标颗粒粒级来实现分选，通常被称为螺旋选矿机或螺旋溜槽选矿机[43-44]。

螺旋溜槽是重选设备中流膜类的代表，其选择颗粒大小比较广泛。这种设备主要是利用离心力、重力和螺旋槽体内壁面摩擦力等力学原理将矿浆中不同密度或粒度的物料分离出来，从而实现选别效果。在使用过程中，需要将物料与水配成混合矿浆，并通过浓度调节后加入螺旋溜槽的上部入口处，矿浆随着重力作用逐渐下降，通过螺旋槽的斜面引导形成一个回旋漩涡。矿浆中的每个颗粒由于其特定的物理性质（如大小、形状、密度和黏度等），会在运动过程中受到复杂的力学作用，形成三维轨迹，最终运动到不同的位置完成分离过程。然而，由于矿物粒子之间可能存在干涉，而且混合矿浆的流体力学特征也各异，因此，当不同粒度、不同密度的矿物颗粒随机运动时，会使所有颗粒的受力更为复杂，从而导致螺旋运动的间歇性出现，进而影响了分选效果[45-46]。自 1941 年美国汉弗莱发明溜槽以来，大部分溜槽的结构设计优化研究都以实验室的经验模型为主，对矿浆流体力学的流态变化等参数欠缺深入的研究，导致目前螺旋溜槽的发展存在一定的局限性[47-49]。

1.2.2 跳汰机

跳汰机是一种传统的重力选矿设备[50-52]，其工作原理是将均匀给入的矿物通过不断地上下振动和水流波动产生的分层效应进行精选。跳汰机的运转主要通过摆杆传动鼓膜和锥体的上下周期性振动，使水流呈现出正弦波曲线的脉动，将矿物随着介质流一起振荡，并逐渐形成分层。由于不同颗粒之间的相互作用力有所差异，在循环振动场中，密度大的矿物沉降速度较快，逐渐沉入下部空间；而密度小的矿物沉降速度较慢，逐渐浮在水流上方。最终通过筛网区分出密度大的精矿和密度小的尾矿，达到分选的目的。目前许多跳汰机都采用固定式筛网，更适合处理有色金属类别中粒度较大的矿物。该设备的冲次参数可通过电机转速进行调节，从而实现不同颗粒大小和特性的选择。

然而，随着金属矿资源的复杂化，跳汰设备已无法满足选别要求，但它在煤炭分选方面依然有着广泛的应用。事实上，跳汰机在选煤领域的历史可以追溯到 100 多年前。19 世纪初期，手动跳汰机逐渐发展起来，通过人工分层的方式有效地选出了易于分选、密度大的矿物。随后，固定式筛网被引入跳汰机中。由于手动操作速度较慢，1848 年，连续运动的机械化跳汰机应运而生，这也是今天活塞式跳汰机的最早原型之一。随着 20 世纪工业技术的进步和大量生产经验的积累，活塞式跳汰机的机械结构和性能得到了显著改进与完善。如今，全世界洗煤领域约 50% 以上的初选过程都采用了跳汰分选设备[53]。跳汰分选设备具有许多突出的优点，尤其是操作与维修简便、处理能力大的同时对入料粒度要求低、流程工艺简单、对煤泥的适应性较好。近年来，动筛跳汰机成为跳汰机研究领域的热点。该设备采用人工操作水桶产生振荡的方式进行分离，从而得到重质和轻质产物[54]。目前常见的一种动筛跳汰机是偏心轮动筛跳汰机，其主要优点在于通过棘轮使跳汰机呈现偏心轮传动的运动轨迹，使得上下往复运动中的物料容易松散，并且处理量较大，分选效率也比较高[55]。然而，该设备故障率较高、噪声较大，需要频繁维修，维修成本昂贵，因此已被空气式定筛跳汰机所取代。虽然空气式跳汰机在分选设备中占比逐渐增大，但由于传统动筛跳汰机处理量大、分选效率高的突出优势，空气式跳汰机难以完全替代它。

煤炭分选中的排矸问题一直是选煤领域的重大难题之一。许多中小型洗煤厂通常采用人工手选，但手选效率低且局限性大。为了克服这些问题，许多专家学者考虑利用动筛跳汰来打破天然煤质的局限性。早在 19 世纪初期，跳汰设备就已经被德国人研发出来。然而，由于当时德国境内煤炭行业较少，这些设备无法得到大规模的批量应用。随着国内煤炭行业的蓬勃发展，抚顺市老虎台选煤厂从德国引进了第一台液压动筛跳汰机，并成功实现了工业指标的显著提高，这不仅给当地社会带来了明显的经济和环保价值，同时也推进了国内煤炭行业技术水平的提升[56]。

1.2.3 摇床

重选的摇床设备和跳汰设备的发展历史相似，都经过了 100 多年的发展。摇床是通过床面撞击来对选别的物料提供不对称往复的力场[57]。第一台重选摇床是 1898 年 A. Willey 等人研制而成，其中，偏心轮连杆机构的设计为后续摇床的现代化打下了坚实的基础。而第一台快速摇床则是在 1918 年 Plat-O（普兰特-奥）基于 A. Willey 等人研制的摇床改进而来，因其效率低、处理量小，应用也较少。随着时间推移，20 世纪中期引入了多层床面的摇床，有效地解决了摇床的缺点。但是，因为该设计的新结构较为复杂，安装难度大，且对材料要求高，导致造价较高，所以新型多层床面摇床的应用受到了限制。

摇床的研发改进一直持续到 20 世纪 50 年代末期，美国专家通过将床头设计为多偏心惯性齿轮传动，改善了原有多层摇床的缺点，致使现代化、智能化的控制方法应用在新型摇床的分选中，大大促进了摇床的发展[58-59]。此后，更多的研究关注点在于选别指标和分选效率的优化，而对其物理结构及内部流场的流体动力学理论分析较少。随着技术的不断发展，越来越多的研究者开始对摇床进行深入研究。王苹等人[60]对抱伦金矿进行了抽样分析并实现了新型远程智能化摇床的控制。云锡设计研究院的杨冰等学者[61]攻克了 YKB 型刻槽摇床回收率低的难题，并研制出了新型的刻槽摇床，尤其是针对粒度小于 37μm 的颗粒，使得整体的锡精矿品位提高 1%~2%。中南大学的王卫星等人[62]通过研究颗粒在摇床分选界面上的分层过程，不断矫正颗粒运动的概率方程，建立了摇床操作参数与选别指标的导向联系数学模型。日本古山隆等学者[63]在摇床的重选方面进行了有益探索，实现了风力选矿及摩擦起电分选等手段的有效融合，并达到回收 PVC 材料的目的。R. Sivamohan 和 E. Forssberg 等人[64-65]系统地总结了摇床的机械设计与操作参数对分选的影响，并通过研究介质流速与时间变化的联系，建立了介质流速度变化理论模型。H. D. Wasmuth 等人[66]加入液压传动系统，极大地改善了传统摇床的运动特性，在各类选别指标上取得了显著提升。R. J. Manser 等人[67]通过概率论的方法对摇床的操作参数进行比对，验证各类参数对选别效果的影响，并发现颗粒的粒度、密度也会受到参数的影响，导致选别效果的差异性。计算流体力学中的有限元法和有限体积法、动力学等模拟计算软件的发展为摇床的设计和研发提供了理论依据，可以通过软件的大规模计算建立优化操作参数影响选别效果的数学模型。

当然，还有许多其他常用的分选方法，如浮选法、化学选矿法等。在这些方法中，光学分选具有非常好的灵敏度和选择性，但使用起来不太方便；磁选效率高，使用方便，但制造磁选设备的费用非常昂贵；电泳和介电电泳是比较成熟的分选技术，但制造电极会增加装置成本，并且它们不适合用于大规模生产。综上所述的这些技术各有优缺点，但技术关键在于分离颗粒的大小及特定应用场合所需的分选效果。因此，需要结合低成本和使用便捷等特点，设计出一种新的选矿设备，能够适用于较大粒径范围内的物料分选。

1.3 重介质旋流器的发展与应用

重介质分离技术（dense media separation，DMS）是矿物和煤炭加工中广泛应用的一种分选技术[68]。这种技术利用重介质（如铁矿石、磁铁矿等高密度材料）与待处理矿物或煤炭之间的密度差异来实现分选。在 DMS 过程中，原先的物料被混合到一个含有重介质的混合槽，并通过机械手段或重力装置将混合槽中的物料推入重介质旋流器（dense media cyclone，DMC），在旋流器内部，物料经过离心力作用而形成多个环状层次，由于每个层次的物料密度不同，就会发生分离。

相对于其他类型的重力浓缩设备，DMC 具有许多优点：（1）DMC 可以在更宽的粒度范围内进行处理；（2）DMC 所占空间相对较小，使得其可以安置在场地受限制的现场；（3）DMC 的分离效率非常高，并且可以通过调整介质密度来调节操作结果。因此，它已成为许多矿业企业的首选设备，为工业生产提供了重要的支持。

DMC 的发明及其后续历史与 Napiermunn 等人密切相关[69]。普遍认为，DMC 是荷兰国家矿山公司（简称 DSM）在 1939 年左右发现的。当时，人们注意到涡流探测仪里充满了干净的煤，这表明它正集中在旋流器的溢流处。基于这个原理对该技术进行了更深入的研究。在第二次世界大战德国占领荷兰期间，DSM 进行了大量的实验工作，并于 1942 年连同类似筛管弯曲这样的辅助设备一同获得了 DMC 的专利。DSM 随后成立了 Stamicarbon 公司，将 DMC 技术授权给 Stamicarbon 公司并提供技术支持。Stamicarbon 为 DMC 制作了一个设计手册，该手册成为矿物加工历史上最广泛使用的手册。Stamicarbon 专利过期几十年后，澳大利亚煤炭协会重新制作了一个添加了许多更新材料的现代版手册[70]。总的来看，DMC 技术得以成功发明并不断推广应用，得益于许多研究者的努力和合作。

DMC 技术在煤炭行业的第一个应用报道是在 1955 年，发生于坦桑尼亚威廉姆森的钻石矿[71]。自从 DMC 技术被发明以来，改进方面的研究相对较少，更多的研究关注于现场实际应用规模的增大，内部设备材料的改进（如采用抗磨损的聚氨酯、陶瓷或瓷砖等）及部分内部几何形状的变化。然而，关于重介质入口相关的研究进展缓慢[72]。后来，还有一些新的原理性设备被研发，包括 Dyna 旋风分离器、Tri-Flo 旋风分离器、Vorsyl 分离器和 Larcodems 分离器[73]，所有这些设备都在工业上得到了应用，但最初的 DSM 旋风分离器原理仍然是最为广泛应用的[74]。在重介质旋流器中，操作介质的密度取决于应用场合。煤炭密度通常小于 1.65g/cm³，而矿物质密度通常大于 2.5g/cm³。因此，在煤炭选矿过程中使用的是磁铁介质（天然材料），其密度为 4.5~5.2g/cm³；而在矿物选别过程中通常使用的是硅铁（$FeSi_2$ 的制成品）介质，其密度约为 6.7g/cm³。这些密度差异是 DMC 技术性能表现的关键之处，特别是在作为过程测定介质时的流体力学流态和性质方面。

在 19 世纪之前，选煤领域中的重介质旋流器主要处理粒径范围为 50mm 以下的物料颗粒，而绝大多数报道认为最佳处理范围应该在 30~0.5mm 内。然而，对于其他粒级（4~0.5mm）的原煤，采用重介质旋流器进行分选通常会面临选择效率低和分选效果差等问题。为了提高选别效果，很多研发者采用增大入料离心加速度或大幅缩小旋流器体积等手段进行设计，因此，市场上主要以中小型旋流器为主，大型旋流器较少出现[75-77]。

直到 20 世纪 80 年代，LARCODEMS 型大直径重介质旋流器的成功应用打破了小直径旋流器在选煤领域中的主导地位[78]。该旋流器的直径为 1.2m、长度达 3.6m、圆筒体厚度为 10mm、安装角度为 30°。此后，重介质旋流器的大直径研发趋势急剧增长，阿桑纳选煤公司研发出一种结构和外形都有极大变化的旋流器以替代传统设备。在此基础上，美国 Willmont 公司则研制出现代矿业最常用的重介质旋流器——Dyan Whirl pool（DWP）分选机。该设备入料时将原煤和悬浮液分别加入，介质流沿圆筒切线方向进入，而原煤则沿圆筒轴向进入。由于其具有操作方便、制作成本低等优点，因此在选煤领域中广泛应用，并逐渐被报道应用于有色金属矿领域[79]。

圆筒形重介质旋流器在应用推广的过程中与 DSM 生产的旋流器类似，根据不同需要进行了多方面的改进和发展。早期的 DSM 旋流器主要采用黄土作为重介质，但由于黄土自身密度无法调节，难以制备不同密度差的介质溶液，更不能配置高密度的混合介质，并且很难净化回收和循环使用，因此未能在工业生产中实际应用。为了解决这个难题，磁铁矿粉成为配置重介质的主要成分，通过调整磁铁矿的比例，制备出选煤过程所需的不同密度的重介质悬浮液，并且磁铁矿粉净化回收难度小，使得旋流器选煤技术在选煤行业得到推广。随后，英国、美国、法国、德国等国陆续购买了该专利，并研发出各自的产品应用于工业生产，并对 DSM 旋流器进行不同的改进，进而研制出了一批新型的重介质旋流器[80]。

近 50 年来，采矿工业一直使用重介质气旋设备来扩大化处理 50～0.5mm 范围内相对较粗的颗粒[81]。这些大容量装置内部的工艺设计简单（见图 1-4），利用离心力加强了细颗粒的分离，使得以静态密度为基础的重介质容器和槽等分离器无法有效分选这些细颗粒，因此加入内部信号监控极为必要。而数字信号处理器相对便宜，实际信号分析装置通常更容易损耗，因此 DMC 内部的数字应用越来越受欢迎。仅在美国，近 80% 的燃煤电厂都使用分布式控制系统，即每小时装机容量超过 8.5 万吨。据统计，当

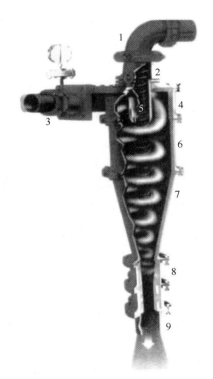

图 1-4　旋流器内部剖面图

1—溢流管；2—溢流适配器；3—进口适配器；4—进气头；

5—涡流探测器；6—圆柱截面；7—锥截面；

8—顶点或龙头；9—排出边

DMC 的效率提高一个百分点，就能从相同的煤炭开采量中多生产出 160 万吨洁净煤，尽管从效率数值上看起来提高很小，但以每吨 38 美元的价格（2015 年现贷市场价值）计，多生产出的洁净煤量就代表着为美国煤炭行业带来近 6000 万美元的年收入。因此，小幅提高 DMC 效率可以极大地提高行业盈利能力。

综上所述，与其他重选方法相比，重介质旋流器（DMC）的分选效果更加精确，对设计相关参数的标准更高，特别是当 ±0.1g/cm³ 密度范围内的浮沉量高于 10% 时。因此，DMC 广泛用于选煤厂[82]，超过全球 1/4 的选煤厂均选择安装了重介质旋流器。Robben 等人[83]的数据表明，在南非的 58 个选煤厂中，约 93% 的选煤厂使用了重介质旋流器。据不完全统计，全球 40 多个国家建立了近 1300 个选矿厂，其中绝大多数都配备了完善的重介质选煤系统[84]。虽然相较于在煤矿领域的应用，DMC 在金属矿方面的应用情况并不那么引人注目，但实际上 DMC 在金属矿物选矿中也被广泛应用。如一些铁矿石的选矿、金刚石的预选、铅锌和银的选矿及铜矿石的预选等领域均可以使用重介质旋流器设备进行升级选别。

重介质旋流器原理图和参数设计图如图 1-5 和图 1-6 所示。

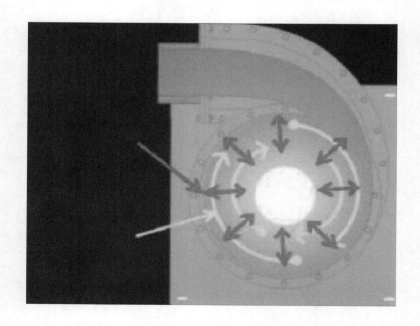

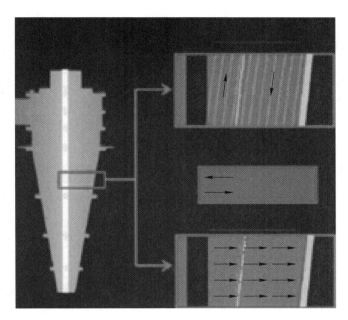

图 1-5　重介质旋流器原理图

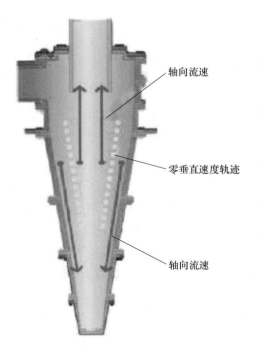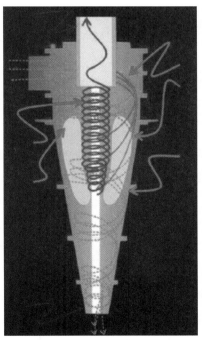

图 1-6　重介质旋流器参数设计图

为了更好地理解 DMC 的分选过程，研究人员采用计算流体力学（CFD）、离散元法（DEM）及基于密度、旋流和旋流器尺寸等参数的实证模型开展研究[85]。虽然 CFD-DEM 是一种具有蓬勃发展前景的设计工具，但它仍需进一步开发以预测重介质旋流器的性能。目前，大多数重介质旋流器依然基于低密度操作，并对洗煤厂非常有帮助。在高密度操作的情况下，已经有一些发布的模型来预测 DMC 在 Mount Isa 选矿厂预选铅锌矿的性能。此外，还有关于金刚石矿石 DMC 模型的研究[86]。

为了预测给定设备的冶金性能，实证模型在过去几十年中得到了一定的改进。这种模型可以预测替代操作程序的影响，而无需计划大量的试验工作。但是，这些模型又需要大量的基础实验数据才能建立，并且模拟中所涉及的参数（如涡流或空气芯的存在及介质和颗粒的分选）非常复杂。此外，重介质旋流器建模过程中还必须考虑多相的存在，如空气、水、矿物/煤及不同尺寸、密度和其他特性的磁铁矿/硅铁颗粒，使得建立模型极其复杂。尽管目前仍然缺乏低密度和高密度分选的最终模型，但目前已经针对可具体操作的模型进行了实质性的改进，其中包括：

（1）选别过程条件试验。通过现代化的离子追踪技术（高速摄像机）对选别过程中所有流体的流场进行数据采集与分析，包括流体中各类作用力场、速度场、密度场、气含率及颗粒的流动特性等参数分析，通过系统的研究发现各类参数与分离效果的关系。

（2）数学模型的建立。由于重介质旋流器中分选场的混乱复杂性，依靠传统的设计试验经验无法发现甚至解释分选场的某些规律，因此不仅需要依靠流体力学的理论的计算，同时，还须进行大量原始数据分析、经验公式等，因此需建立合理的通用数学模型。原先设备的大多数设计都是经验公式的放大，导致许多设计参数的结构机理作用等尚不明确，只能依赖大量的试验才有成效。Swain[87]、Raziyeh[88]、Narasimha 等人[89]都通过大量实践提出了不同的数学模型，通过这些数学模型对水力旋流器进行了详细的研究。借助先进的检测设备 PIV 粒子成像测速仪（PIV）或者激光多普勒测速仪（LDV）等，对旋流器内部的流场进行了详细的观测，将理论计算的结果与实际检测的结果比对分析，进一步验证了数学模型的正确性与适用性。

（3）计算流体力学的流场模拟。从 19 世纪中期以来，电子计算机的发展是跨越式的突破，曾经人工计算需要几百年的数据计量，如今现代计算机仅需要几分钟即可完成。随着计算流体力学的发展，大量流体力学的仿真与模拟可以在计算机上实现，不仅能够应用在航空航天、飞机导弹，也能应用在传统的水力湍流现象[90]。利用先进的计算 CFD 数据软件，可正确地计算流体力学数学模型。Chu 等人[91]对重介质旋流器的分选场进行了数值模拟，分析了内部流场的流动规律，从模拟结果中提出了对旋流器内部机械结构的改进与完善方案。可惜的是，仅对局部的流场进行了详细研究，模拟出的密度分布与实际的现象也有出入。刘峰等人[92]则采用目前主流的 ANSYS 的 CFX 软件对重介质旋流器中的 DWP 旋流分选场与 DSM 旋流的分选场进行了对比模拟试验，遗憾的是，未能对混合的重介质流体进行模拟，仅是对常规的液相与气相进行了讨论研究。因此未来更多的研究关注是通过计算流体力学模拟研究重介质旋流场中的多相流运动，使其过程与结果可视化、直观化，同时为旋流器各部分的关键参数的优化提供依据。

1.4　本书技术路线

综上所述，由于重介质旋流器独特的分选机理及复杂的内部流场，使许多专家学者无法监测研究，更无法进行定量分析，导致重介质旋流器应用范围狭窄，无法根据金属矿产的特点进行优化设计。另外，目前许多选矿设备的设计与研发，通常都是经验模型的常规放大，缺乏对分选机理的研究与剖析，尤其是许多优化设计由于成本等多方面的因素影响，导致工业调试过程中造成大量的错误，使重介质旋流器的应用产生了一定的局限性。

近年来，全世界大型超级计算中心的建立，极大地发展了计算模拟技术，尤其是计算流体力学（CFD）在许多领域也得到了成功应用。本书将 CFD 技术应用到重介质旋流器的结构优化研究中，通过建立分选机理 CFD 模型对重介质的分选过程进行模拟计算，以实际创新设计的模型为基础，提出重介质旋流器关键结构部分的优化方案。通过建立相应的 CFD 模型进行结果分析，获得最优方案。主要研究内容概括如下：

（1）在常规水力旋流器的分选理论基础上结合计算流体力学方法建立正确的分选流场 CFD 模型，并借助建立的 CFD 模型对旋流器分选规律进行比对分析，揭示旋流器内部流场分选机理的理论依据。

（2）提出重介质旋流器结构设计的优化方案，根据已建立的旋流器 CFD 模型进行优化，建立合格的重介质旋流器 CFD 模型，并进行多因素条件的模拟计算，分析重介质旋流器结构相似但流体动力学特性差异大的原因，同时借鉴前人的研究结果，获得最优的结构方案。

（3）建立实验室重介质旋流器分选试验系统，对优化后的实际设备与工业性试验的样机设备进行对比分选试验，以验证模拟优化方案的可行性和可信性。

（4）通过双锥重介质旋流器的工业应用试验，完善了重介质旋流器的结构参数，实现重介质旋流器在不同金属矿物选别过程中的应用。

本书的技术路线如图 1-7 所示。

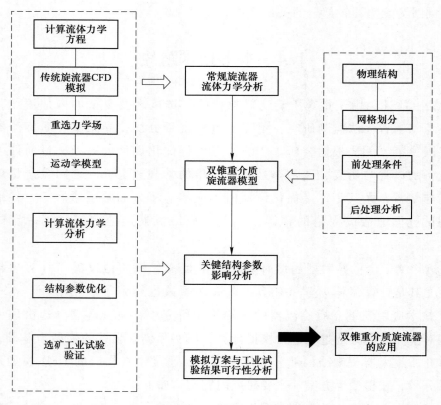

图 1-7　技术路线图

2 重介质旋流场理论计算方法

重介质旋流器的分选过程本质是离心沉降的机理，整个结构本身无运动的部件，结构设计极为简单，常规的重介质旋流器都由圆柱段、锥段、进料口和溢流管（或溢流室）组成，如图 2-1 所示。

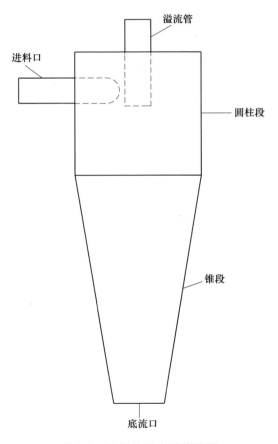

图 2-1　常规的重介质旋流器

2.1　基本流场理论

重介质旋流器的分选场中，主要是高速旋转的介质流与物料同时进行复杂的三维旋转运动。大量的文献报道，三维旋转的运动是半自由涡与强制涡的共同作用下的螺旋涡流所导致的，所以其运动轨迹是一种组合涡[93]。因此，以旋转流体运动的基础理论为基础，对旋流器的分选场进行分析。首先，旋转流体符合旋转运动的微分方程，如图 2-2 所示[94]。

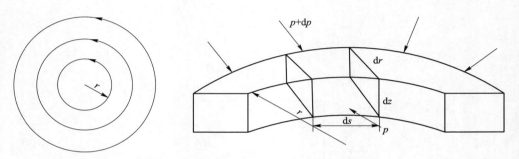

图 2-2　旋转运动的微分方程示意图

当流体围绕一轴线旋转运动时，取一六面体微元，距离圆心为 r，宽度为 dr，厚度为 dz，在同一水平面上，作为不可压缩流体定常流动，重力是唯一质量力时，沿半径 r 的流线上的伯努利方程如下：

$$H = \frac{p}{\rho g} + \frac{v_t^2}{2g} \tag{2-1}$$

式中　H——总水头；

　　　p——半径 r 处的压强；

　　　g——重力加速度；

　　　ρ——流体密度；

　　　v_t——半径 r 处的切向速度。

将式（2-1）对半径 r 微分得：

$$\frac{dH}{dr} = \frac{1}{\rho g}\frac{dp}{dr} + \frac{v_t}{g}\frac{dv_t}{dr} \tag{2-2}$$

依据式（2-2）可知，流体在做旋转运动时，沿半径方向的上部，径向速度与压强的变化都会直接影响总水头的变化率。就体积为 $drdzds$ 的微元体来看，当该微元体上受到的其他力和离心力平衡时，方程如下：

$$\rho drdsdz \frac{v_t^2}{r} + pdsdz - (p - dp)dsdz = 0$$

即：

$$\rho drdsdz \frac{v_t^2}{r} = dpdsdz \qquad (2-3)$$

整理后得：

$$\frac{dp}{dr} = \rho \frac{v_t^2}{r} \qquad (2-4)$$

代入式（2-2）得：

$$\frac{dH}{dr} = \frac{v_t}{g}\left(\frac{dv_t}{dr} + \frac{v_t}{r}\right) \qquad (2-5)$$

由式（2-5）可知，该微分方程主要是反映运动过程中能量随时间变化的规律。不同参数的变化会导致基本方程推导出适用于不同旋转流体的方程，例如速度和压强沿轴向或径向的分布规律等。其中，在重介质旋流器中，自由涡运动被视为最理想的状态。在这种运动模式的理想状态下没有外部能量交换。假设在没有边界的水流中有一根旋转轴持续运动，那么轴附近的水进行运动时会受到黏性阻力的影响。自由涡的理论模型就是建立在此基础之上的，自由涡运动的主要特征是 $\omega = 0$，即角速度矢量为零，即流体质点只绕主轴公转，即 $dH/dr = 0$，而没有绕其自身的瞬时轴线旋转，那么有：

$$\frac{dv_t}{dr} + \frac{v_t^2}{r} = 0 \qquad (2-6)$$

积分 $\int v_t \times r = \text{Const}$，也就是：

$$v_t \times r = \text{Const} \qquad (2-7)$$

式中 Const——常数，以下用 C 来表示。

由式（2-7）可知，做自由涡运动的流体质点切向速度与旋转半径成反比。将式（2-7）代入式（2-2），再积分后可得到自由涡运动的压强分布式：

$$p = p_\infty - \frac{\rho}{2}v_t^2 = p_\infty - \frac{\rho}{2}\frac{C^2}{r^2} \tag{2-8}$$

式中　p_∞——无限远处的压强。

流体的强制涡运动和刚性体的旋转运动非常类似，桶内液体的旋转是强制涡的一个典型例子。当在圆桶内绕着桶中心旋转时，液体由于自身的黏性作用被迫与桶共同旋转，因此，流体质点的切向速度与其旋转半径成正比。换句话说，越靠近桶壁质点的旋转速度越小于与之相距较远的质点，它们在任意时间点上都有相同的期望角速度。即：

$$\frac{v_t}{r} = \omega = C \tag{2-9}$$

通过边界条件确定积分常数 C，可以获得强制涡流的能量变化规律。然而，在真实的旋流场中，自由涡和强制涡并不会产生明显的区分，通常两者是以混合成组合涡的形式出现。因此，在探究组合涡的特性时，需要对自由涡和强制涡的基本属性进行分类分析[95]。重介质旋流器分选场中的流体通过螺旋运动方式来产生组合涡的形式，内圆部分属于强制涡运动，外环部分属于自由涡运动，并且服从强制涡和自由涡运动的速度和压强分布规律。

组合涡运动的速度通式为：

$$v_t r^n = C \tag{2-10}$$

指数 n 的取值不同，漩涡形式就不同。当 $n=1$ 时，是理想自由涡运动；当 $n=-1$ 时，就变成理想的强制涡运动；当 $0<n<1$ 时，表示在（准）自由涡区域内一般的组合涡运动。而具体的组合涡运动，其流体质点的切向速度自然也与旋转半径有关，但是存在分界处，从外环到内圆的自由涡逐渐过渡为强制涡。根据式（2-6）可知，自由涡由外向内逐渐升高，而进入强制涡区域后，根据式（2-10）可知，切向速度逐渐减小，所以最大切线速度出现在了自由涡与强制涡的分界面上，该分界面的半径用 r_m 表示。

组合涡运动中，强制涡域（$r<r_m$）运动流体沿径向的压强分布求积分得：

$$p_c = \rho v_\alpha^2 + C \tag{2-11}$$

根据伯努利方程可知，在同一水平面上，分界面上的压强最小，反映了组合运动的切速度和压力之间的耦合关系[96]。

2.2 旋流器内压强分布与损失

2.2.1 压强分布

旋流器的内部能量损失在某种意义上可以用内部压强损失的形式表示。在水力旋流器内的旋转流体中，由于离心力的径向传递作用会使流体内存在径向压强差。从其旋转流体中任取一微元体，微元体纵断面积为 dA、厚度为 dr、密度为 ρ，作用于微元体上半径 r 处的表面压强为 p，作用于半径 dr 处的表面压强为 $p+dp$，则由牛顿第二定律可得微元体的运动方程为：

$$\mathrm{d}p\mathrm{d}A - \rho\mathrm{d}A\mathrm{d}r\,\frac{v_t^2}{r} = \rho\mathrm{d}A\mathrm{d}r\,\frac{\mathrm{d}v_r}{\mathrm{d}t} \tag{2-12}$$

式中　　v_t——半径 r 处的切向速度；

　　　　v_r——微元体的径向速度；

　　　　$\mathrm{d}v_r$——微元体在半径 r 处的径向加速度。

在三维柱坐标系下，径向速度 v_r 是径向位置 r、切向位置 θ、轴向位置 Z 和时间 t 的函数，由于旋流器内的流动可被视为稳定的轴对称旋转运动，若忽略径向速度在轴向方向的变化，则有：

$$\frac{\mathrm{d}v_r}{\mathrm{d}t} = - v_r\,\frac{\mathrm{d}v_r}{\mathrm{d}r} \tag{2-13}$$

将式（2-13）代入式（2-12）得：

$$\frac{\mathrm{d}p}{\mathrm{d}r} = \rho\,\frac{v_t^2}{r} - \rho v_r\,\frac{\mathrm{d}v_r}{\mathrm{d}r} \tag{2-14}$$

式（2-14）可以用来描述水力旋流器内的径向压强梯度。在绝大多数情况下，传统结构水力旋流器内流体的切向速度与所在位置半径之间的关系可用式（2-5）表示[97]：

$$v_t = C \tag{2-15}$$

式中　　C——常数，与所在轴向位置和旋流器操作条件有关。

大量借助于激光测速仪器对水力旋流器内流体径向速度的研究结果也表明水力旋流器内流体径向速度与所在位置半径之间的关系式同式（2-15）相仿：

$$v_r r^m = K \tag{2-16}$$

式中　m，K——常数，与所在轴向位置和旋流器操作条件有关。

根据式（2-14）~式（2-16），可以将旋流器内任一确定轴向位置上的径向压强描述为半径的函数：

$$p = P_1 - \frac{\rho}{2}\left(\frac{C^2}{nr^{2\pi}} + \frac{K^2}{r^{2m}}\right) \tag{2-17}$$

式中　P_1——积分常数。

根据式（2-17）可得出，旋流器内流体中的压强在径向上随半径的减小而降低；若旋流器的结构和操作参数一定，即旋流器内的液流速度场保持恒定，则某一确定轴向位置上任意两点（i 点和 j 点）之间的径向压强差可由式（2-18）计算：

$$\Delta p_{ij} = p_i - p_j \approx \frac{\rho}{2}\left[\frac{C^2}{n}\left(\frac{1}{r_j^{2n}} - \frac{1}{R_i^{2n}}\right) + K^2\left(\frac{1}{r_j^{2m}} - \frac{1}{R_i^{2m}}\right)\right] \tag{2-18}$$

如果把旋流器进口处筒体边壁处的压强近似认为等于进口压强 p_e，且忽略筒体边壁处的压强在高度等于溢流管插入深度的轴向位置范围内的轴向变化。那么，在溢流管下端面所在的轴向位置上从边壁（$r=R$，其中 R 为旋流器半径）到溢流管处（$r=r_0$，其中 r 为溢流管内半径）的径向压力差即可近似等于水力旋流器的内部压力损失，即：

$$\Delta p = p_e - p_o \approx \frac{\rho}{2}\left[\frac{C^2}{n}\left(\frac{1}{r_0^{2n}} - \frac{1}{R^{2n}}\right) + K^2\left(\frac{1}{r_0^{2m}} - \frac{1}{R^{2m}}\right)\right] \tag{2-19}$$

显然，在流场特征参数 n、C、m 和 K 这 4 个常数已知的情况下，水力旋流器内部压强损失可以很容易地根据 R 和 r_0 的值计算而得。然而，n、C、m 和 K 这 4 个流场特征参数迄今尚属于经验常数，需经流场测试才能得出。因此，在这 4 个特征参数高度模型化之前，还很难从理论上准确地给出任意水力旋流器的内部压强分布与损失，目前还只能是对特定的旋流器借助于其特定的流场特征参数对其内压强分布和损失进行计算。这同时也说明，对水力旋流器内的压强分布与损失进行系统的实验研究仍然很有必要。

2.2.2　局部损失

众所周知，局部损失是因为流体的速度分布或运动方向在局部区域急剧变化而导致的比较集中的能量损失，它包括涡流损失、加速损失、转向损失和撞击损失 4 种类型。由于流体运动情况过于复杂，很难从理论上来计算水力旋流器内的局部损失，因此，目前只能用局部损失的通用计算公式来描述水力旋流器内的局部损失：

$$h_1 = \xi \frac{v_e^2}{2g} \qquad (2\text{-}20)$$

式中　v_e——进口管内流体在旋流器进口处的速度；

　　　h_1——局部损失；

　　　ξ——局部损失系数；

　　　g——重力加速度。

将 $\Delta p = \rho g h_1$ 代入式（2-20），整理得：

$$\xi = \frac{\Delta p}{\rho v_e^2/2} = Eu \qquad (2\text{-}21)$$

式中　Eu——欧拉准数，表征流体压力与惯性力之比。

由式（2-21）可知，水力旋流器内的局部损失系数等于其进口欧拉准数。将式（2-20）代入式（2-21）则可以得出水力旋流器内局部损失系数的近似计算式：

$$\xi \approx \frac{1}{v_e^2}\left[\frac{C^2}{n}\left(\frac{1}{r_0^{2n}} - \frac{1}{R^{2n}}\right) + K^2\left(\frac{1}{r_0^{2m}} - \frac{1}{R^{2m}}\right) \right] \qquad (2\text{-}22)$$

2.2.3　黏滞损失

由于实际流体存在黏性，因此在流动过程中会伴随机械能的损失。这部分损失等于流体克服黏性摩擦力所做的功，最终将机械能转化为其他形式的能量。在定常不可压缩流体进行管道流动时，可以使用伯努利方程来计算黏性摩擦损失，即沿程阻力损失。

2.2.4　湍动能耗

许多传统的水力旋流器试验和生产数据表明，水力旋流器在正常工作状况下，其内的流体呈湍流运动状态。从能量的角度来看，维持湍流所需的能量是从平均运动取出并传递至湍流运动的。由于湍流流动能与分子动能之间发生输运，使这些湍流动能最终耗散成热能。因此，水力旋流器内必然存在湍动能耗，此规律可推导至重介质旋流器中。

2.2.5   空气柱与损耗

空气柱是传统水力旋流器内流体流动的固有特点之一，即所有传统水力旋流器中都存在空气柱[98]。尽管关于空气柱的作用存在争议，但可以确定的是，空气柱中存在黏性耗散和湍流动能损耗，其中气流还携带自身的流体动能。因此，从降低能耗的角度来看，应该尽可能地减少空气柱内的能量损失，包括气流的动能损耗。徐继润[99]曾对这方面进行过深入研究，并提出用固体棒占据空气柱的位置可以降低水力旋流器内部的损失。在对水力旋流器内能耗的组成、分布和影响因素等进行系统概括的基础上，给出了水力旋流器能量耗损的完整理论体系。

3 旋流器数值模拟及计算模型

由于旋流器内部的流动是由气-液和液-固构成的高速旋转准自由涡状态的复杂流场，因此采用 CFD 模型对常规水力旋流器内的流动过程进行模拟是必要的。在本章中，首先建立了控制旋流器内气-液和液-固流场的微分方程组，并选择合适的数值计算方法、湍流模型和基础物性参数，得到了描述经典水力旋流器的封闭微分方程。然后借助 CFX 软件的通用求解器进行数值求解，并将数值计算结果与文献实验数据进行比较，验证和分析所建立的旋流器中气-液和液-固流动的计算流体力学模型的可靠性。

3.1 流体力学基本方程的建立

针对旋流器内部的流动，选择最常用的直角坐标系来描述微分控制方程。为了满足数值计算需求并尽量降低数值误差的影响，选择水平面某主轴方向为 x 轴，垂直于 x 轴的方向为 y 轴，垂直地面向上的方向为 z 轴，并在构造控制容积时保持与三个主力方向一致，以便进行更准确的数值计算。本章所采用的控制容积形状为长方体，大小为 $dx \times dy \times dz$，通过应用质量、动量和能量守恒定律，得到旋流器内部流体流动过程的微分方程组。

3.1.1 控制微分方程

3.1.1.1 连续性方程

单位时间内流体微元体中质量的增加，等于同一时间间隔内流入该微元体的净质量。由质量守恒定律可以得出流体流动应遵循的连续性方程：

$$\frac{\partial \rho}{\partial t} + \frac{\partial}{\partial x_j}(\rho u_i) = S_\mathrm{m} \tag{3-1}$$

式中　ρ ——流体密度；

u_j——速度在 j 方向上的分量，即速度 $U = \{u_j\}$ 或 $U = (u_u,\ u_v,\ u_w)$，下角 j 为 x，y，z 三个空间坐标，如果在一项内下角 j 重复出现就要取三项之和；

S_m——质量源项，在本章中，由于流动满足质量守恒定律，没有质量的增加和减少，不考虑质量源项，即 $S_m = 0$。

3.1.1.2　动量守恒方程

根据牛顿第二定律，微元流体的动量对时间的变化率等于作用在该微元体上的各种力之和。由动量守恒定律可以得出流体在各个流动方向上应遵循的动量守恒方程，对于黏性不可压缩的流体通式为：

$$\frac{\partial(\rho u_i)}{\partial t} + \frac{\partial}{\partial x_j}(\rho u_i u_j) = -\frac{\partial p}{\partial x_i} + \frac{\partial}{\partial x_j}\left(u_t\frac{\partial u_i}{\partial x_j}\right) + (\rho - \rho_a)g_j \quad (3\text{-}2)$$

3.1.1.3　能量守恒方程

根据热力学第一定律，微元体中能量的增加率等于进入微元体的净热流量加上体力与面力对微元体所做的功。由能量守恒定律可得到能量守恒方程：

$$\frac{\partial(\rho T)}{\partial t} + \frac{\partial}{\partial x_j}(\rho u_j T) = \frac{1}{c_p}\frac{\partial p}{\partial x_j}\left(k_t\frac{\partial T}{\partial x_j}\right) + \frac{c_{pv} - c_{pa}}{c_p}\left[\frac{\partial}{\partial x_j}\frac{u_t}{\sigma}\frac{\partial\omega}{\partial x_i}\right]\frac{\partial T}{\partial x_j}$$

$$(3\text{-}3)$$

式中　k_t——湍流导热系数。

根据传递相似率可知，湍流导热系数 k_t 可以通过普朗特数 Pr 与湍流黏性系数 μ_t 求得：

$$Pr = \frac{\mu_t c_p}{k_t} \quad (3\text{-}4)$$

旋流器一般在室温下工作，因此可以忽略能量传递对流体流动的影响。

3.1.2　湍流模型的选择

旋流器的分选场中，大部分流体都是以湍流的运动方式进行流动，而湍流运动是流体中一种非常复杂的流动现象，也是流体动力学的主要研究内容。因此在 CFD 数值模拟旋流器的介质流运动中，如何向计算机描述该运动过程非常重要，建立或选择适当的湍流模型是模拟计算的成功的关键之处。通常情况下，尽管湍流运动极为复杂，但是非稳态的连续方程式和动量守恒方程式对于湍流的瞬时运动是适用的。若考虑不可压缩流动，使用笛卡尔坐标系，速度矢量 **U** 在 x、y 和 z 方向的分量分别为 u、v 和 w，则单位质量流体湍流瞬时控制方程如下：

$$\text{div}(u) = 0 \tag{3-5}$$

$$\frac{\partial u}{\partial t} + \text{div}(uu) = -\frac{1}{\rho}\frac{\partial p}{\partial x} + v\text{div}(\text{grad}u) \tag{3-6}$$

$$\frac{\partial v}{\partial t} + \text{div}(vu) = -\frac{1}{\rho}\frac{\partial p}{\partial y} + v\text{div}(\text{grad}v) \tag{3-7}$$

$$\frac{\partial w}{\partial t} + \text{div}(wu) = -\frac{1}{\rho}\frac{\partial p}{\partial z} + v\text{div}(\text{grad}w) \tag{3-8}$$

引入雷诺平均法，任一变量的时间平均值定义为：

$$\overline{\varphi} = \frac{1}{\Delta t}\int^{+\Delta t}\phi(t)\,\mathrm{d}t \tag{3-9}$$

则物理量的瞬时值 ϕ 与时均值 $\overline{\phi}$ 和脉动值 ϕ' 的关系如下：

$$\phi = \overline{\phi} + \phi' \tag{3-10}$$

该湍流运动被看作由时间平均流动和瞬时脉动流动叠加而成，即 $u = \overline{u} + u'$、$v = \overline{v} + v'$、$w = \overline{w} + w'$、$p = \overline{p} + p'$，分别代入式（3-6）后即为时均形式的 N-S RANS 方程：

$$\text{div}(u) = 0$$

$$\frac{\partial \overline{u}}{\partial t} + \text{div}(\overline{uu}) = -\frac{1}{\rho}\frac{\partial \overline{p}}{\partial x} + v\text{div}(\text{grad}\overline{u}) + \left(-\frac{\partial \overline{u'^2}}{\partial x} - \frac{\partial \overline{u'v'}}{\partial y} - \frac{\partial \overline{u'w'}}{\partial z}\right)$$

$$\frac{\partial \overline{v}}{\partial t} + \text{div}(\overline{vu}) = -\frac{1}{\rho}\frac{\partial \overline{p}}{\partial y} + v\text{div}(\text{grad}\overline{v}) + \left(-\frac{\partial \overline{v'^2}}{\partial y} - \frac{\partial \overline{u'v'}}{\partial x} - \frac{\partial \overline{v'w'}}{\partial z}\right)$$

$$\frac{\partial \overline{w}}{\partial t} + \text{div}(\overline{wu}) = -\frac{1}{\rho}\frac{\partial \overline{p}}{\partial z} + v\text{div}(\text{grad}\overline{w}) + \left(-\frac{\partial \overline{w'^2}}{\partial z} - \frac{\partial \overline{u'w'}}{\partial x} - \frac{\partial \overline{v'w'}}{\partial y}\right)$$

同时考虑平均密度的变化，采用张量符号重写方程式（3-9）和式（3-10），为方便起见，除脉动值 φ' 和时均值 $\overline{\varphi}$ 外，式（3-11）中去掉了表示时均值的上划线符号"$-$"。

$$\frac{\partial \rho}{\partial t} + \frac{\partial}{\partial x_i}(\rho u_i) = 0$$

$$\frac{\partial}{\partial t}(\rho u_i) + \frac{\partial}{\partial x_i}(\rho u_i u_j) = -\frac{\partial p}{\partial x_i} + \frac{\partial}{\partial x_j}\left(\mu\frac{\partial u_i}{\partial x_j} - \rho \overline{u'_i u'_i}\right) + s_i \qquad (3\text{-}11)$$

式中，i、j 指标的取值范围是 $1\sim3$。

根据张量的有关规定，当某个表达式中一个指标重复出现两次，则表示要把该项在指标的取值范围内遍历求和。由式（3-11）可以看到，时均的流动方程里面多出了与 $-\rho \overline{u'_i u'_i}$ 相关的项，它被定义为雷诺应力项，雷诺应力的出现导致了湍流控制方程组不封闭，无法求解，需引进湍流模型才能封闭方程组，进行求解。

关于湍流的工程模式和计算机数值模拟一直是流体动力学中非常活跃的研究领域，流场数值模拟方法分为直接数值模拟（direct numerical simulation，DNS）、大涡模拟（large eddy simulation，LES）和湍流统观模拟（reynolds averaged navier stokes，RANS）。

3.1.2.1　直接数值模拟

直接数值模拟（DNS）是直接用瞬时的 NS 方程对湍流进行描述[100]，它的最大好处就是无须引入任何简化模型，在对湍流无任何简化和近似的基础上提供每个瞬间所有变量在流场中的全部信息，模拟结果可以作为标准数据库来检验现有的湍流模型，可以揭示湍流的微观结构，增加人们对湍流的根本认识。DNS 是目前最精确的数值模拟手段，但是应用领域深受其需要大量计算时间所限制，所以 DNS 仅能用在低雷诺数且流场几何结构较简单的流动，无法模拟实际的高雷诺数流动。

3.1.2.2 大涡模拟

由于受到计算机运算能力的限制，有必要寻求一种较 DNS 计算代价低而同时仍能详细考察湍流结构的湍流模型，因此大涡模拟（LES）便应运而生[101]。LES 的基本思想是：湍流运动是由许多大小不同的漩涡组成，大漩涡对平均流动有比较明显的影响，大部分的质量、动量、能量交换是通过大涡实现的，而流场的形状和障碍物的存在都会对大涡产生比较大的影响，使它具有明显的不均匀性；小漩涡则是通过非线性的作用对大尺度运动产生影响，它的主要作用表现为耗散，运动具有共性而接近各向同性，较易于建立有普遍意义的模型。LES 是采用滤波方法将瞬时运动分解成大尺度运动和小尺度运动，对大尺度运动直接求解，对小尺度运动则采用亚网格尺度模型模拟。虽然 LES 对计算机能力的要求仍旧很高，但由于计算量远小于 DNS，被认为是一种潜在的可用于工程问题模拟的手段。

3.1.2.3 湍流统观模拟

湍流模式理论是目前能够广泛用于工程计算的方法，它是依据湍流的理论知识、实验数据或直接数值模拟结果，对雷诺应力作出各种假设，假设各种经验的和半经验的本构关系，从而使湍流的平均雷诺方程封闭。根据模式处理的出发点不同，可以将湍流模式理论分成涡黏性封闭模式和二阶矩封闭模式。

（1）涡黏性封闭模式。涡黏性封闭模式是工程湍流问题中应用比较广泛的模式，由 Boussinesq 仿照分子黏性的思路提出，假设雷诺应力为湍流统观模拟的湍流模型，以雷诺平均运动方程与脉动运动方程为基础，依靠理论和经验结合引进一系列模型假设，从而建立的一组描写湍流平均量的封闭方程组[102]。在 Boussinesq 假设的基础上，逐渐建立了各种关于雷诺应力的模型假设，使雷诺应力方程得以封闭能够求解。

（2）二阶矩封闭模式。二阶矩封闭模式可直接构建雷诺应力方程，并将新构建的雷诺应力方程与控制方程联立进行求解。这种模式理论保留了雷诺应力方程，可以较好地反映湍流运动规律，但同时雷诺应力方程的保留意味着需要求解更多的方程，其计算量较涡黏性封闭模式大很多。

Boussineq 假设是将雷诺应力与平均速度梯度相关联，表达式为：

$$- \rho \overline{u_i' u_i'} = \rho K \left(\frac{\partial u_i}{\partial x_j} + \frac{\partial u_i}{\partial x_i} \right) - \frac{2}{3} \rho k \delta_{ij} \tag{3-12}$$

式中　K——张量形式的涡运动黏性系数；

　　　　k——湍流动能，$k = \frac{1}{2} \overline{u_i' u_j'}$；

　　　　δ_{ij}——克罗内克符号，当 $i = j$ 时，$\delta_{ij} = 1$；当 $i \neq j$ 时 $\delta_{ij} = 0$。

　　根据 K 决定所需求解的微分方程的个数，可将湍流模型分为零方程模型、单方程模型和双方程模型等。目前比较普遍使用的是双方程模型，其中的系列模型和 RSM 模型应用最广泛[103]。

　　k-ε 方程使用紊动能 k 和紊动能耗散率 ε 来表示 μ_t，紊动能方程（见式（3-13））和紊动能耗散率方程（见式（3-14））分别为：

$$\frac{\partial}{\partial t}(\rho k) + \frac{\partial}{\partial x_j}(\rho u_j k) = \frac{\partial}{\partial x_j} \left[\frac{\mu_t}{\sigma_{k0}} \frac{\partial k}{\partial x_j} \right] + G_k - \rho \varepsilon \tag{3-13}$$

$$G_k = \mu_t \frac{\partial \mu_i}{\partial x_j} \left(\frac{\partial u_j}{\partial x_i} + \frac{\partial u_i}{\partial x_j} \right)$$

$$\frac{\partial}{\partial t}(\rho \varepsilon) + \frac{\partial}{\partial x_j}(\rho u_j \varepsilon) = \frac{\partial}{\partial x_j} \left[\frac{\mu_t}{\sigma_{\varepsilon 0}} \frac{\partial \varepsilon}{\partial x_j} \right] + \frac{\varepsilon}{k} (C_{\varepsilon 1} G_k - C_{\varepsilon 2} \rho \varepsilon) \tag{3-14}$$

式中，$C_{\varepsilon 1} = 1.44$、$C_{\varepsilon 2} = 1.92$、$\sigma_{\varepsilon 0} = 1.3$、$\sigma_{k0} = 1.0$。

　　由紊动能方程和紊动能耗散率方程可以得出 μ_t 的表达式，即：

$$\mu_t = \rho C_\mu \frac{K^2}{\varepsilon} \tag{3-15}$$

式中，$C_\mu = 0.09$。

　　k-ε 模型是基于各向同性的假设推导得出的，认为 μ_t 是一个标量，在流场中每一个确定的点对应一个确定的涡黏性，其值与方向无关，这种模型称为标准 k-ε 模型[104]。

　　RNG k-ε 模型是 Yokhot 和 Orszag 等人[105]应用重整化群（RNG）理论在 k-ε 模型的基础上发展起来的改进形式，它的基本思想是把湍流视为受随机力驱动的输运过程，再通过频谱分析消去其中的小尺度涡，并将其影响归并到涡黏性中，以得到所需尺度上的输运方程。

RNG k-ε 模型的紊动能耗散率方程中多了一个附加项，增加对快速流动的计算准确性。在 RNG k-ε 模型中考虑了漩涡对湍流的影响，即湍流的各向异性效应，提高了对旋转流动的预报结果。同时，RNG k-ε 模型中的系数由理论公式计算而不是靠经验来确定，因此其适应性更强。

RNG k-ε 模型的湍动能和紊动能耗散率输运方程见式（3-16）和式（3-17）：

$$\frac{\partial}{\partial t}(\rho k) + \frac{\partial}{\partial x_i}(\rho u_i k) = \frac{\partial}{\partial x_j}\left[\left(\mu + \frac{\mu_t}{\sigma_k}\right)\frac{\partial k}{\partial x_j}\right] + G_k - \rho\varepsilon \tag{3-16}$$

$$\frac{\partial}{\partial t}(\rho\varepsilon) + \frac{\partial}{\partial x_i}(\rho u_i\varepsilon) = \frac{\partial}{\partial x_j}\left[\left(\mu + \frac{\mu_t}{\sigma\varepsilon}\right)\frac{\partial\varepsilon}{\partial x_j}\right] + G_{1\varepsilon}\frac{\varepsilon}{k}G_k - C_{2\varepsilon}\rho\frac{\varepsilon^2}{k} - R_\varepsilon \tag{3-17}$$

$$R_\varepsilon = \frac{\rho C_\mu \eta^3(1 - \eta/\eta_0)\varepsilon^2}{1 + \beta\eta^3}\frac{\varepsilon^2}{k}$$

式中，$\eta = Sk/\varepsilon$、$\eta_0 = 4.38$、$\beta = 0.012$；模型常数 $C_{1\varepsilon} = 1.42$、$C_{2\varepsilon} = 1.68$；其他常数 $C_\mu = 0.0845$、$\sigma_k = 1.0$、$\sigma_\varepsilon = 1.3$。

湍流黏性系数与湍流动能 k 和湍流耗散率 ε 关联式为：

$$\mu_t = \rho C_\mu \frac{K^2}{\varepsilon} \tag{3-18}$$

可以看出，RNG k-ε 模型与标准 k-ε 模型主要区别在于 RNG k-ε 模型中的常数是由理论推出的，其适用性更强，它可以用于低雷诺数流动的情况，并且通过修正湍动黏度考虑了平均流动中的旋转及旋流流动的情况；而在耗散率方程中增加了反映主流的时均应变率项，体现了平均应变率对耗散率的影响，从而使 RNG k-ε 模型可以更好地处理高应变率及流线弯曲程度较大的流动。

Realizable k-ε 湍流模型的提出是为了保证对正应力进行的某种数学约束的实现。它的 k 方程和标准 k-ε 模型在形式上完全一样，只是模型常数不同，而 ε 方程和标准 k-ε 模型及 RNG k-ε 模型的 ε 方程有很大的不同，即湍流生成项中不包括 k 的生成项，它不含有相同的 G_k 项。

k 和 ε 方程分别见式（3-19）和式（3-20）：

$$\frac{\partial}{\partial t}(\rho k) + \frac{\partial}{\partial x_i}(\rho u_i k) = \frac{\partial}{\partial x_j}\left[\left(\mu + \frac{\mu_t}{\sigma_k}\right)\frac{\partial k}{\partial x_j}\right] + G_k - \rho\varepsilon \qquad (3-19)$$

$$\frac{\partial}{\partial t}(\rho\varepsilon) + \frac{\partial}{\partial x_i}(\rho u_i \varepsilon) = \frac{\partial}{\partial x_j}\left[\left(\mu + \frac{\mu_t}{\sigma\varepsilon}\right)\frac{\partial\varepsilon}{\partial x_j}\right] + \rho C_2 \frac{\varepsilon^2}{k + \sqrt{v\varepsilon_\varepsilon}} \qquad (3-20)$$

因此，湍流黏性系数与湍流动能 k 和湍流耗散率 ε 的关联式为：

$$\mu_t = \rho C_\mu \frac{K^2}{\varepsilon} \qquad (3-21)$$

不同于标准 k-ε 模型和 RNG k-ε 模型，此时 C_μ 不再是常数：

$$C_\mu = \frac{1}{A_0 + A_s \dfrac{kU^*}{\varepsilon}} \qquad (3-22)$$

$$U^* = \sqrt{S_{ij}S_{ij} + \widetilde{\Omega}_{ij}\widetilde{\Omega}_{ij}}$$

$$\widetilde{\Omega}_{ij} = \Omega_{ij} - 2\varepsilon_{ij}\omega_k$$

$$\Omega_{ij} = \overline{\Omega}_{ij} - \varepsilon_{ijk}\omega_k$$

式中　$\widetilde{\Omega}_{ij}$——以 ω_k 为角速度在旋转坐标系下的旋转速度张量平均值；

　　　　A_0——模型常数，$A_0 = 4.0$（或 4.04）；

　　　　A_s——模型常数，$A_s = \sqrt{6}\cos\theta$；

　　　　C_2——其他常数 $C_2 = 1.9$；

　　　　σ_k——其他常数，$\sigma_k = 1.0$；

　　　　σ_ε——其他常数，$\sigma_\varepsilon = 1.2$。

　　雷诺应力模型（RSM）与 k-ε 系列模型的最大区别主要在于它完全摒弃了基于各向同性涡黏性的 Boussinesq 假设，包含了更多物理过程的影响，考虑了湍流各向异性的效应，特别是旋转效应、浮力效应、曲率效应等，在很多情况下能够给出优于各种 k-ε 模型的结果。

　　由脉动方程推导而得的雷诺输运方程为：

$$\frac{\partial(\rho\,\overline{u_i'u_j'})}{\partial t} + \frac{\partial(\rho u_k\,\overline{u_i'u_j'})}{\partial x_k} = \frac{D(\rho\,\overline{u_i'u_j'})}{Dt}$$

$$= D_{i,j} + P_{i,j} + G_{i,j} + \Phi_{i,j} + \varepsilon_{i,j} + F_{i,j} + S_{uesr} \qquad (3-23)$$

式中　$D_{i,j}$——扩散项，$D_{i,j} = -\dfrac{\partial}{\partial x_k}\left[\rho\,\overline{u_i'u_j'u_k'} + \rho\,\overline{(\delta_{kj}u_i' + \delta_{ik}u_j')} - \mu\dfrac{\partial}{\partial x_k}(\overline{u_i'u_j'})\right]$；

$P_{i,j}$——应力产生项，$P_{i,j} = -\rho\left(\overline{u_i'u_k'}\dfrac{\partial \overline{u_j}}{\partial x_k} + \overline{u_j'u_k'}\dfrac{\partial \overline{u_i}}{\partial x_k}\right)$；

$G_{i,j}$——浮力产生项，$G_{i,j} = -\rho\beta(g_i\,\overline{u_j'\theta} + g_j\,\overline{u_j'\theta})$。

水力旋流器的非均匀湍流问题计算中存在较大的测量误差，即使对标准模型进行改进，仍然受到涡黏性假设等因素的限制。为此，国际上研究者通过经验和探索认为采用雷诺应力模型可以更好地解决旋流器内流场的各向异性问题。雷诺应力模型（RSM）完全摒弃了涡黏性假设，直接求解雷诺应力微分输运方程得到各应力分量，从而考虑了雷诺应力的对流和扩散[106]。

设计微型旋流器时首要考虑的是设备简单、便宜并且尽可能容易制造，无需专门的制造技术。微型旋流分离器的实体建模在 Pro-E 建模软件中完成。Pro-E 是 Parametric Technology Corporation（PTC）的参数化形式，基于其特征的关联实体建模软件。虽然它提供了集成的 3D CAD/CAM/CAE 功能，但只有实体建模功能才能用于本书。设计灵感来自简单的旋流器，但与之大相径庭，需去掉旋流器的锥形部分以使设计尽可能简单，如图 3-1 所示。该旋流器的入口和出口通风口尺寸相同，旋流收集器位于底部而不是顶部。这种设计不是从任何优化研究中获得的，而是从文献和探索试验中获得。

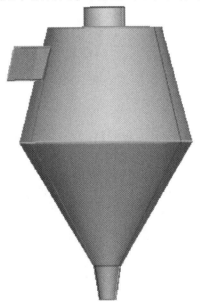

图 3-1　微型旋流器模型

3.2　网 格 划 分

　　ANSYS 公司的 ICEM-CFD 软件用于划分结构化六面体网格。网格中有 123559 个六面体单元。图 3-2 所示为网状微型旋流分离器,然后将该网格输入 CFX 进行 CFD 分析。

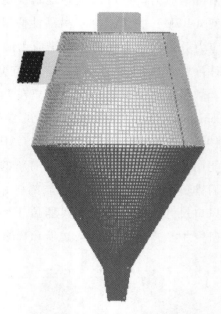

图 3-2　结构化六面体网格

3.3　CFD　分　析

　　CFX 是由商用公司提供的有限体积代码,用于流动分析。ANSYS CFX 是商用有限体积代码的先驱,具有解决非结构化网格上复杂物理模型的卓越性能。微型旋流器中的流动是层流,雷诺数绝不会大于120。因此,对于这种低速和不可压缩的流动,选择基于压力的求解器。

3.3.1　有限体积法

　　有限体积法（finite volume method, FVM）是一种求解偏微分方程的数值方法，用于计算体积的平均守恒变量值。FVM 的主要优点之一是它能确保方程（质量、力矩和能量）以离散方式守恒。此外，由于 FVM 中不需要进行坐标转换，因此其非常适合非结构化网格。而与其他方法相比，FVM 同样具备非侵入性边界条件应用的优势，能够确保保守质量的值位于体积元素中，而不是位于节点或表面。所以，FVM 成为最流行的流体分析方法。

3.3.2 基于压力的求解器

虽然已经进行了大量的重新设计以便将基于压力的方法用于所有类型的流体，但这种方法多数情况还是只能用于低速和不可压缩流体。由于本节分析涉及低速和不可压缩流体，因此基于压力的求解器是最佳选择。在基于压力的方法中，速度场是从动量方程获得的，压力场是通过求解压力方程或通过连续性和动量方程得到的校正压力方程得到的。压力求解器采用投影算法，通过求解压力或压力校正方程得到速度场的质量守恒。通过压力校正速度场，并使其满足连续性方程，进而给出连续性和动量方程的压力方程。当方程耦合时，解决方案本质上是求解方程的迭代过程直到满足收敛标准。基于压力的耦合求解器用于求解流动方程时，发现压力-速度耦合的耦合方法为稳态流动提供了更好的解决方案。图 3-3 所示为基于压力求解器的压力-速度耦合算法过程。

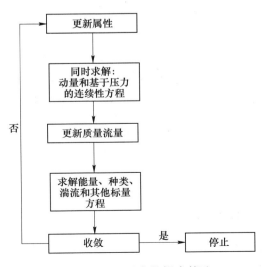

图 3-3　基于压力的耦合算法

3.3.3   流动参数和流体性质

此分析中考虑的是空气流，该流体被设定为层流、无黏性和不可压缩。主要通过测量速度对压力差和涡流产生的影响进行研究，着重分析速度变化如何影响流体运动状态，并探索压力降或涡流的形成方式。需要注意的是，假设空气流无黏滞（无黏性），即它是完全干净的，并且它的密度保持不变，所以假定它也是不可压缩的。这些假设将能够更好地理解空气流体运动的基本规律，为后续的分析提供坚实的基础。表 3-1 为空气流的性质参数。

表 3-1   空气流的性质参数

性　质	数　值
密度/kg·m^{-3}	1.225
比热容/J·(kg·K)$^{-1}$	1006.43
导热系数/W·(m·K)$^{-1}$	0.0242
黏度/Pa·s	1.7890007×10^{-5}
相对分子质量	28.966

3.3.4   入口处速度

入口处速度边界条件用于定义入口处的流速及所有相关标量的属性。流体的总属性不是固定不变的，因此可以把这些属性调整为规定的速度分布所需的任何值。CFX 使用在入口边界条件下定义的速度和在边界上定义的标量来计算入口处的质量流量、动量通量等。质量流量方程见式（3-24）。值得注意的是，只有速度与体积面的正常分量才有益于质量流量。

$$\dot{m} = \int \rho \vec{v} \cdot \mathrm{d}\vec{A} \qquad (3\text{-}24)$$

式中　$\dot{m}$——质量流量；

　　　ρ——流体密度；

　　　$\vec{A}$——该向量的截面积；

　　　$\vec{v}$——该向量的流速。

式（3-24）表明，在任何给定的时间间隔内，流经某个截面的质量与该截面上流体的密度、截面积及流体速度成正比。通常情况下，密度和截面积都是常量，因此质量流量主要取决于流体速度。由于式（3-24）中涉及密度、截面积和速度 3 个物理量，因此在不同的场景中，它也可以被写作其他等价的形式。

3.3.5 出口处压力

CFX 使用输入的边界条件压力作为出口平面处流体的静压力，并从域内部推断出所有其他条件。出口处压力的表压默认条件为零。

在 CFX 中的操作参数有欠松弛因子、离散化方案和库朗数，以便能够尽快获得稳定的方程解。

3.3.5.1 欠松弛因子

CFX 求解器使用欠松弛因子来控制先前迭代对当前迭代的影响，只有非耦合方程在松弛因子下才使用耦合求解器分析问题。式（3-25）为欠松弛因子 α 和标量值 ϕ 之间的关系，以及导致的标量值 $\Delta\phi$ 的变化。表 3-2 为实验中使用的欠松弛因子的默认值列表。由表 3-2 可知，当动量和压力放松了 0.75 倍时，没有对密度和力进行放松。这些通常是默认值，并且发现它们以更快的收敛速度提供稳定的方程解，还减少了数值耗散。

$$\phi_{new} = \phi_{new} + \alpha\Delta\phi \qquad （3-25）$$

表 3-2 松弛因子

参　　数	欠松弛因子数值
密度	1
体积力	1
动量	0.75
压力	0.75

3.3.5.2 离散化方案

二阶离散化用于压力方程，二阶迎风方案用于离散动量方程。使用一阶方案进行初始计算，但使用二阶离散化进行最终分析以获得准确结果。

3.3.5.3　库朗数

对于流动分析中，控制方程组随时间的离散化可用于非稳态和稳态分析；但是在稳态分析中，方程的解随时间推移而变化，直到达到收敛的稳态解。因此，库朗数是表示稳态分析中的松弛因子，还有助于减少数值扩散并提高方程解的准确性。

$$库朗数 = u\frac{\Delta t}{\Delta x} \tag{3-26}$$

式中　u——给定单元中的最大速度分量；

　　Δt——时间步长；

　　Δx——速度方向上的单元尺寸。

3.3.6　离散相建模

将分散在流体-空气中的铁性球形颗粒组成的离散相用来分析旋流分离器效率。CFX 允许在拉格朗日参照体系中模拟离散的第二相，该相由分散在连续相中的球形颗粒组成。CFX 计算这些离散相的实体轨迹，包括相之间的耦合及其对离散相轨迹和连续相的影响。在离散相建模中作出基本假设，第二阶段与主要阶段相比具有非常低的体积分数。将直径为 1×10^{-7}m 的铁性球形颗粒垂直于入口边界注入；考虑到分组注入颗粒并设定固定直径，同时为流体出口设定了陷阱边界条件，这样就能够计算通过该出口的颗粒质量，从而计算出旋流器效率。

3.4　CFD 分析结果

本节采用 CFD 方法来模拟微型旋流器内的流动过程。其中，压降是影响旋流器收集效率的主要因素之一，而入口处速度则对压降具有显著影响。在假设流动为层流的情况下，所有雷诺数 Re 均小于 120。若使用湍流模型，则需要考虑不同控制方程对各参数的影响。本次模拟的主要目的是研究速度对压降及旋流器效率的影响，并将对应的旋流器分离粒径进行比较分析，最终将所得结果与可用的经验关系进行比较。

从图 3-4 可知，当速度为 1m/s 时，矢量杂乱分布，这是因为尚未形成明显的旋转运动。相反，由图 3-5 看出，对于 5m/s 的入口处速度，速度矢量的清晰圆形取向更有力地说明了流体良好旋转运动的事实，上述研究可证实，入口速度增大将有助于提高旋流器的收集效率。

图 3-4　速度为 1m/s 时，中间横截面上的速度矢量

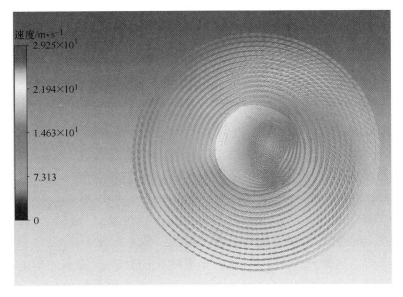

图 3-5　速度为 5m/s 时，中间横截面上的速度矢量

图 3-6 为不同常规控制方程条件下入口处速度对旋流器静态压降的影响[107]。尽管绝对入口压力不断增加，却并不符合任何一个特定的经验关系，这可能是因为这些经验关系都是针对较大的旋流器而开发的。此外，由于与流量相关的雷诺数非常小（小于 120），导致流体始终是层流。因此，导致压降的主要因素是流动中产生的湍流，而此时流动中根本不存在湍流，所以压降的增加本质上是线性的，即二次方。通过 CFD 分析模拟了水力旋流器中雷诺数非常小的情况，显示了通过经验模型测量所得的压降百分比差异。此外，由于旋流分离器模型太过微型化，在相对较小的速度条件下，压降的情况远高于预期，特别是在低速情况下，低涡流的生成导致操作不利，效率较低。

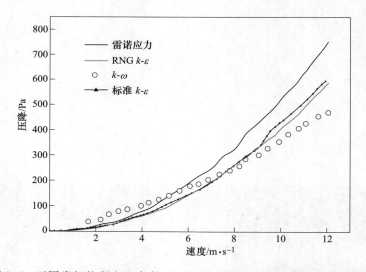

图 3-6   不同常规控制方程条件下入口处速度对旋流器静态压降的影响

3. 4. 1   旋流器的收集效率

收集效率是旋流分离器的最终性能指标。对于微型旋流分离器而言，这种效率是通过 DPM 模型的流动结果计算得出的。具体地说，根据获得的加入旋流器的颗粒质量和被捕获的颗粒质量，可以很容易地计算出旋流器的收集效率，并与各种经验关系进行比较。

图 3-7 为不同常规控制方程条件下颗粒粒径对收集效率的影响。为了选择合适的颗粒粒度范围，考虑到从文献中获得的 50% 为临界尺寸。通过观察图 3-7 可以发现，标准 k-ε 模型得出的结果最为接近。虽然标准 k-ε 模型可以

作为大型旋流器的模拟方程，但人们发现该模型会低估旋流器的效率[108-109]。在微型旋流器模型中，该模型更加适用，而改进的 RNG k-ε 模型则由于受到尺寸、湍流和操作入口速度的限制，其模拟效率较低且有波动性。因此 CFD 预测出的压降和收集效率不能完全符合任何一种经验关系，因为这些经验模型都是通过实验得出的，通常是针对大型旋流分离器进行的。然而，对于实际操作来说，当入口速度较高时，模拟仍然具有参考价值。使用标准 k-ε 控制方程时，在模拟中能够预测出分离的临界尺寸，同时得出的收集效率曲线与 CFD 分析结果也非常吻合。因此可以推断微型水力旋流器能够按照预期产生压降和收集效率所需的趋势，通过实验验证后还有可能发展出新的经验模型，为后续的旋流分离器设计提供指导。虽然其收集效率较低，但水力旋流器具有成本低、易于制造和操作简单等优点，因此仍有可能成为用于各种微粒分离预选阶段的一种新型设备。表 3-3 为各种微粒分离技术的比较。

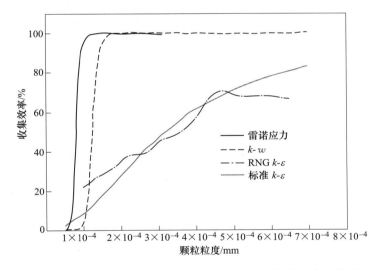

图 3-7　不同常规控制方程条件下颗粒粒径对收集效率的影响

表 3-3　各种微粒分离技术的比较

技术名称	使用方便性	易于制造性	使用范围	效率	成本
光学分选	差	中等	中等	高	中等
电泳	中等	复杂	大	非常高	较高

技术名称	使用方便性	易于制造性	使用范围	效率	成本
介电电泳	中等	复杂	大	非常高	较高
磁选	好	中等	小	高	非常高
微型旋流分离器	好	简单	大	较高	低

3.4.2 底流口直径对旋流器分离效果的影响

大量的研究表明[110-112]，在标准水力旋流器中，底流口的直径是影响较大的结构参数之一。为了探究单一底流口直径因素对循环负荷的影响，进行了大量模拟试验研究，并通过比较文献结果来进行验证。在标准状态下，通过改变底流口直径（13~28mm），在试验中得出的结果如图 3-8 所示。试验结果表明，随着底流口直径的增加，旋流器内循环负荷迅速升高，但是当底流口直径达到 23mm 左右时，循环负荷又逐渐降低。循环负荷是旋流器设计中非常重要的参数，因为在较低循环负荷条件下，可以通过增加旋流系统的矿物处理能力来为产量提供服务。

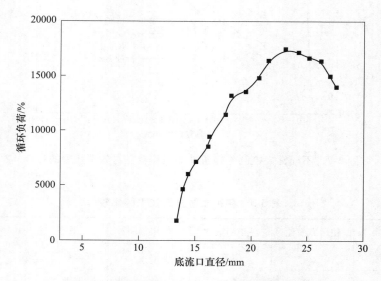

图 3-8 底流口直径对旋流器循环负荷的影响

为了描述黏度，通常使用终端密度（TD）值。TD 值能够根据旋流器底流密度的变化来计算相对黏度的数值变化。随着黏度的增加，TD 值会降低。矿浆中细颗粒和泥团含量的增加通常会导致黏度上升。然而，旋流器作为一种低黏度流体分级设备，其底流处理过程中的矿浆本身具有较低的黏度。需要注意的是，随着循环负荷的降低，矿浆黏度会增加。这是因为总进料中颗粒大小分布的变化引起的。理论上，循环负载越低，再循环排出的除泥底流返回至磨机的比例越小，因此黏度会升高。此外，新鲜进料往往富含泥质，随着循环负荷的降低，原始进料所占比例越来越大，也会导致黏度的升高。图 3-9 的结果表明，当循环负荷降低时，矿浆黏度会显著上升，底流口直径的扩大对于减小循环负荷有正向影响。

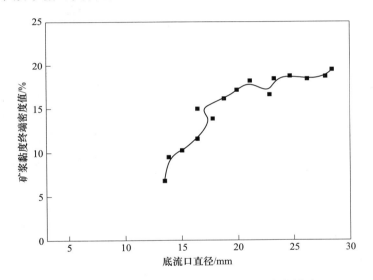

图 3-9　底流口直径对旋流器中矿浆黏度的影响

根据图 3-10 的数据可以看出，随着底流密度的增加，水力旋流器的分离粒级（D_{50}）会变得较粗。通过对比图 3-9 和图 3-10 的结果，可以发现随着底流密度的增加，系统中循环负荷减小。而这意味着矿浆黏度的增加会对旋流器的分离效果产生不利影响，因此导致分离粒级变差。

Lynch-Rao 方程是多重旋流器与串联旋流器的回收曲线计算公式之一。这个方程基于质量守恒和径向力平衡原理，可以用于计算在给定进料颗粒分布情况下，旋流器的回收率、Ecart Probable（或 α 值）及虚拟密度等参数。Lynch-Rao 方程相对于其他旋流器性能计算方法更为准确，因此被广泛应用

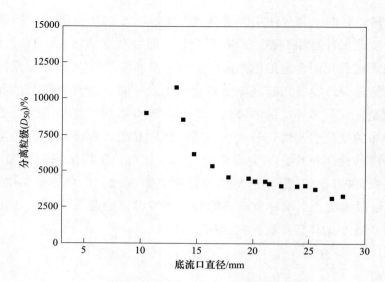

图 3-10   底流口直径对旋流器中分离粒级的影响

于旋流器的设计和优化。α 值是通过 Lynch-Rao 方程计算得出的一个数值，用于描述旋流器回收曲线的斜率或倾斜度。通常这个值越大，说明旋流器的分离效果越好[113]。如图 3-11 所示，底流口直径与分离斜度的关系呈上升趋势，在达到最大值后缓慢下降，又达到较大的值。这说明在旋流过程中会产

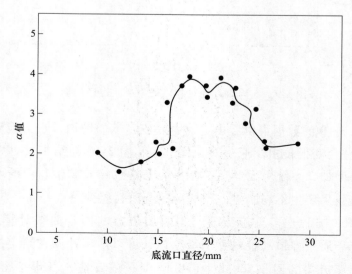

图 3-11   底流口直径对旋流器中 α 值的影响

生一个独特的峰值区域，保证旋流器的分离效果较佳。除了峰值区域之外，溢流曲线的上端和下端对旋流器性能评价也具有重要参考价值，尤其是溢流中粗颗粒的错位和溢流中细颗粒的过量。这些指标对于整个装置的回收和经济运行有着重要的评价意义。

为了评估水力旋流器的分离效率，Tromp 回收率曲线是获得可比性结果的最佳工具之一。这种曲线可以用于描述不同分离设备的性能差异及特定分离设备在不同操作条件下的性能差异。对于特定的物质或固体而言，水力旋流器至少有一条分配曲线，而对于水（通常指介质流体）来说，则有一个分配数。水在分离中受到底流口直径和顶流口直径之比、进料压力等因素的影响，而固相的分配曲线则受到旋流器中矿浆流变性和几何形状的影响。但在水力旋流器的分离过程中，存在部分颗粒绕过分级曲线的情况，这是由水分离中剪切过程所控制的。图 3-12 为颗粒粒径与回收率曲线的关系。可以看出，细馏分回收与水剪切值具有相同的趋势。为了得到更具可比性的结果，可以通过计算校正后的恢复曲线和降低的恢复曲线来消除这种绕过现象。

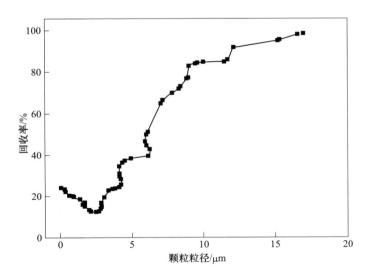

图 3-12　颗粒粒径与回收率曲线的关系

实践和理论分析表明，浆料的黏度对旋流器 D_{50} 粒径有最大的影响。黏度取决于工艺液体的基本黏度、浆料密度和颗粒大小分布。随着颗粒细度的增加和浆料密度的提高，黏度也会上升。浆料黏度是旋流器规模定型时最不确定的变量，因此旋流器规模定型往往依赖于现场有长期实际使用的经验基础。通常现场一般都是通过改变矿浆密度这个手段进行调节。例如，增加或减少5%左右的浆料密度，就可以明显改变旋流器 D_{50} 的粒径。图3-13为矿浆浓度和黏度系统的 D_{50} 乘数曲线（校正因子），这些曲线大致显示了适用于初磨回路、再磨回路和尾矿的趋势。

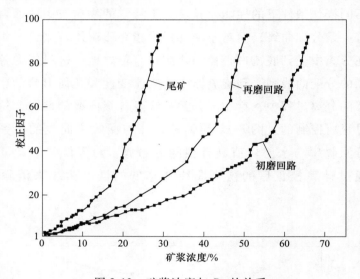

图3-13　矿浆浓度与 D_{50} 的关系

在旋流器分流效率方面，许多学者都做了大量的研究工作，其中一个关键问题是确定旋流气旋的大小及其如何影响分选性能。Shepherd 和 Lapple[114]明确了气旋的最佳尺度，并产生了所谓的"标准"气旋。后续文献中报道了许多类似的研究结果，从而逐渐形成了普遍适用的计算结果，这些结果与旋流器本体直径相关。根据旋流器本体直径比值，可以将旋流器分为3种类型。这3种类型的气旋大小与分选性能的关系如图3-14所示。

如图3-15所示，流量与旋流器分选效率存在一定的类型规律关系。通过文献中所提到的重要参数进行模拟优化[115]，结果见式（3-27）。

$$\frac{\omega^2 r D^2 (\rho_d - \rho_c)}{18 f \mu_c} \qquad (3\text{-}27)$$

随着流量的增加，水力旋流器的向心力也相应增大，从而提高了分离效

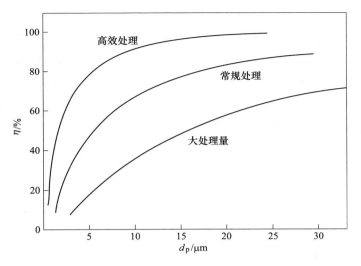

图 3-14　模拟气旋大小与分选性能的关系

果。如图 3-15 所示，当流量达到 Q_{min} 值时，水力旋流器的分离效率会达到最大值；但若流量继续增加超过 Q_{max}，则水力旋流器的效率会逐渐降低。这是由于物料在水力旋流器中停留时间缩短，未能在混合物料离开水力旋流器之前完成分离，导致分离失败。

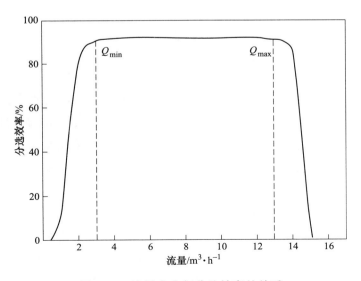

图 3-15　流量大小与分选效率的关系

当流体为混合相时，分流比对于旋流器分离效率能够起到重要作用。因此，最小的分流比是必须考虑的因素，主要是确保最少量的目标物料能够通过底流排出。流动分流公式表示为 Q_o/Q_i（其中，Q_o 为溢流处流量，Q_i 为入口处流量）[116]。实际上，1% 的分流比已能让油/水混合流体实现高效分离，然而所需的最小分流比也取决于混合物中的油相比例。因此，混合相的分离一般希望能够实现 2%~3% 的分流比，但如图 3-16 所示，即便进行油水两相模拟后，分离效率依然存在极限最大值，这也意味着模拟中的结果无法做到 100%。

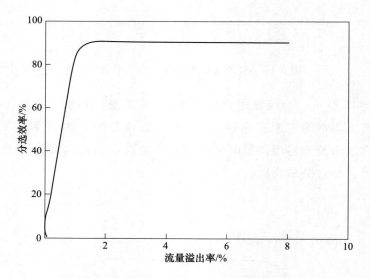

图 3-16   流量溢出率与分选效率的关系

另外，CFD 模拟过程中，墙面附近的边界条件也会对旋流器分选结果产生影响。墙壁边界层计算精度取决于靠近墙壁流动的近壁处理条件参数和壁函数。近壁建模最理想的方法是增加靠近墙壁的网格单元数量，以准确地解析大梯度。但此方法计算量过于庞大，通常的解决方法是采用壁面处理模块来进行[117]。

壁面处理模块包含两种方法。一种方法是近壁建模方法，需要提供足够的网格分辨率，适用于 RSM 和 k-ε 模型。另一种方法是避免解析受黏性影响的内部区域，即黏性亚层和缓冲层，而是使用壁函数将受黏性影响的内部区域与完全湍流区域（也称为对数定律区域）连接起来。

如图 3-17 所示，可以清晰看到网格数量级对壁面函数连接受黏性影响的内区和全紊流区的影响区域，此区域也称为对数定律区。根据参考文献中提到的模拟优化结果，这些区域可以对后续模拟设计起到一定的指导作用。

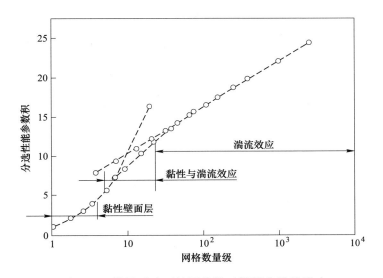

图 3-17　模拟近壁面的网格数对模拟分选的影响

旋流器的收集效率定义为出口处分离的固体颗粒比例。由于旋流器需要处理多种不同大小的颗粒，因此不同的粒径对其效率的影响区别较大。通常旋流器内部的旋流运动使得大颗粒可以迅速地移动到旋风壁上并滚落到出口位置，而小颗粒则会在向上螺旋的气流中漂流，由于其速度较慢而散逸到气体出口。这通常会导致收集效率呈现 S 形曲线的特征。

颗粒收集效率受到多种力的综合影响。如离心力、重力和阻力等控制着旋流器中颗粒的运动；颗粒之间的相互作用及颗粒与壁面的相互作用等因素也可以影响旋流器的效率。然而，这些因素的作用机理尚未完全理解，因此在经验模型中通常会选择忽略。不同文献中的多种模型对颗粒粒径和收集效率的关系如图 3-18 所示。这些经验模型都是基于实验室规模的数据进行模拟。根据操作条件不同，小型实验室规模的旋流器流体可以呈现层流、过渡或湍流，而实际工业旋流器则处于湍流状态下运行，因此摩擦力及其相应结果会显著影响分离效率。

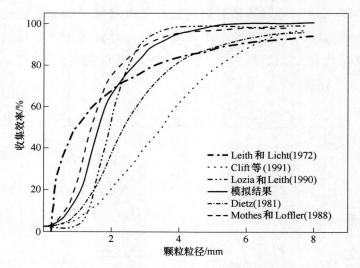

图 3-18　颗粒粒径与收集效率的关系

4 双锥重介质旋流器 CFD 数值模拟

4.1 重介质旋流器基础模型的建立

在选矿中，常规的圆锥圆筒形旋流器已被广泛应用，并有许多报道针对不同型号和结构参数的旋流器进行了研究。本章借鉴经典的 DSM 重介质旋流器基础模型，以云南某研究院最新设计的双圆锥形重介质旋流器为样本，建立能够满足旋流器流场模拟需求的基础模型。该设计的初衷是减少溢流中的大颗粒和底流中的小颗粒，最大限度地减少旋流器内部的湍流水平面，从而将整个旋流器的处理量最大化，并扩大矿物分离的粒度范围。同时，为了确保单台旋流器具备分离多种粒度的颗粒物料的能力，也需要对独立的旋流器进行设计。常规重介质旋流器设计的几何变量如图 4-1 所示。

为了减少溢流口周围的粗颗粒，一些模型采用不同厚度的锥形溢流口代替常见的直角溢流口。同样地，在传统旋流器中，为了防止细粒进入粗颗粒产品，可以通过设计小锥角和更长的锥形体来降低底流中的水分，从而减少细粒夹杂。更进一步地，为了提高分离效率，并能处理大量细粒和高精度分离，可以通过添加上部圆锥体、下部长锥截面及抛物线形对标准重介质旋流器进行改良。旋流器两部分圆锥交界处能维持细颗粒停留时间，并在扩大离心力作用下有效分离颗粒。为了降低湍流强度，可以向旋流器中心安装不同长度和直径的支撑杆，以实现细粒分离。

图 4-2 云南某设计院的重介质旋流器规格的选择是通过工业检测经验确定最小湍流、微细颗粒停留时间和沿溢流口壁最小短路流动问题而确定的。此重介质旋流器与常规重介质旋流器最大的不同点在于筒体上部为圆锥形。另外，此型号旋流器为单入料口，进口形状也为圆锥形，其余各参数见表 4-1。

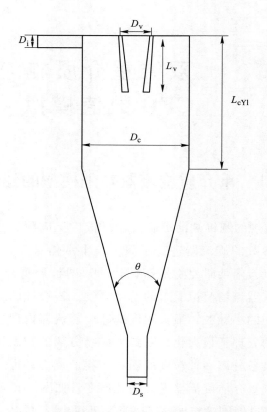

图 4-1 传统设计的重介质旋流器的几何参数

表 4-1 双锥重介质旋流器模拟设计结构参数一览

旋流器 设计编号	几 何 参 数							
	入料口 D_e/cm	溢流口 D_0/cm	旋流器 内径 D/cm	底流口 内径 D_u/cm	锥角 θ/(°)	溢流口 高度 H_2/cm	溢流管 插入高度 H_1/cm	入料口离 中心位置 距离 h/cm
A	22	18	54	7.3	60	17	35	15
B	22	18	54	7.3	60	17	33	15
C	22	18	54	7.3	60	17	30	15
D	22	18	54	7.3	60	17	27	15
E	22	18	54	7.3	60	17	24	15

续表 4-1

旋流器设计编号	几 何 参 数							
	入料口 D_e/cm	溢流口 D_0/cm	旋流器内径 D/cm	底流口内径 D_u/cm	锥角 θ/(°)	溢流口高度 H_2/cm	溢流管插入高度 H_1/cm	入料口离中心位置距离 h/cm
F	22	18	54	7.3	60	17	20	15
G	22	18	54	7.3	60	17	15	15
H	22	18	54	7.3	60	17	5	15
I	22	18	54	7.3	60	17	—	15
J	22	18	54	7.3	60	13	—	15
K	22	18	54	7.3	60	17	—	0

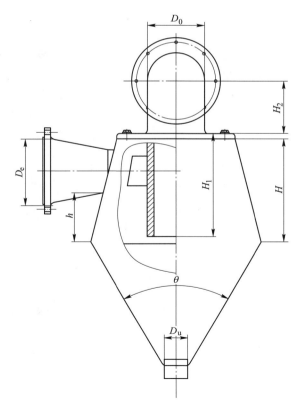

图 4-2 云南某研究院设计的重介质旋流器的几何参数

4.2　旋流器 3D 模型的建立

　　本节主要研究重介质旋流器的入口、溢流口、底流口及溢流口插入高度等变量参数，并选用合理的建模软件进行物理建模，因为建模质量直接影响后续的数值模拟精度。选用了 SolidWorks 软件对设计完善的重介质旋流器进行建模，主要因为该软件功能强大，组件丰富，同时与后续使用的 ANSYS 软件兼容性良好。通过导入 ANSYS-ICEM 软件对 SolidWorks 建立的模型进行几何清理，清除不连贯的线与点，并对各目标面进行重命名，为后续网格划分与边界设置提供必要条件。图 4-3 为表 4-1 中按旋流器编号排序对应的 3D 模型图。

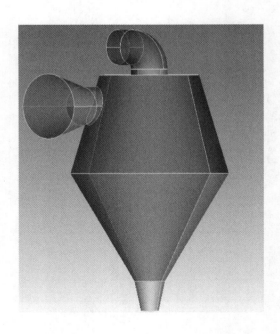

(a)

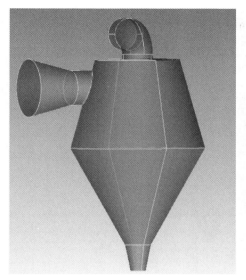

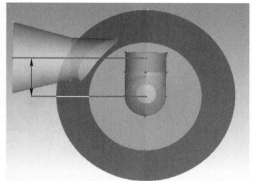

(b)

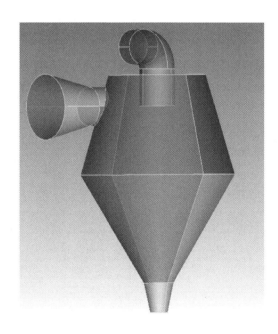

(c)

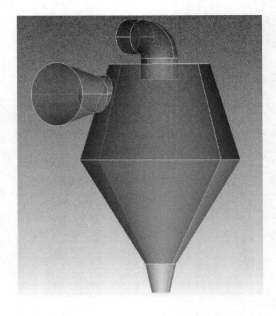

(d)

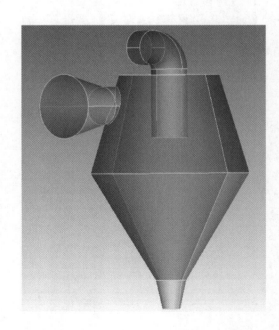

(e)

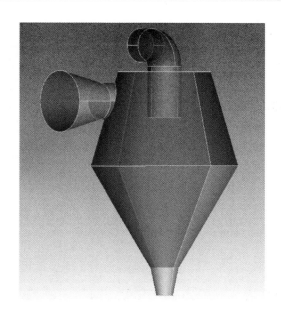

(f)

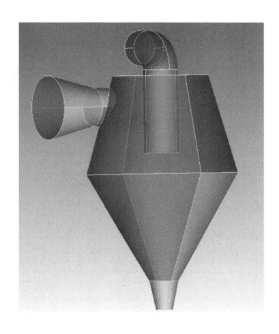

(g)

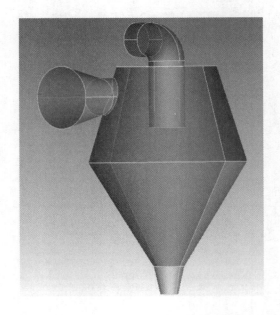

(h)

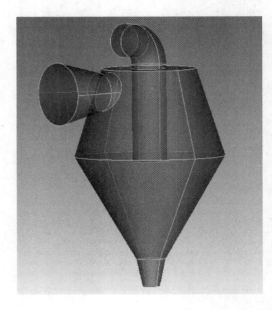

(i)

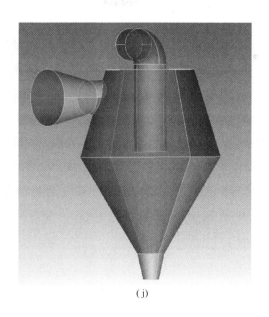

(j)

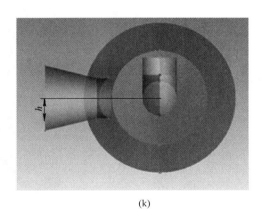

(k)

图 4-3 不同几何参数的重介质旋流器

4.3 建立边界条件与设定控制参数

在本章的所有模拟中，入口处被设定为匀速流动，出口处采用大气压边界条件，并且空气回流体积分数等于 1，因此可以从两个出口抽回空气，从而在中心区域产生空气核（见图 4-4）。离散动量方程采用了有界中心差分方案，使用 PRESTO 计算压力插值，QUICK 方案用于求解分散相传输方程，而 SIMPLE 法用于处理压力速度耦合。在所有模拟中，时间步长设置为 1.0×10^{-4} s，并固定不变，在方程解收敛之后运行几千个时间步来模拟计算平均流场数据。为了表征颗粒形状对阻力的影响并模拟颗粒的实际行为，采用球形度进行评估。通过考察 3 个不同网格（114598 节点、204124 节点和 352578 节点）的平均切向速度来验证网格独立性。由图 4-5 可知，204124 节点和 352578 节点的速度预测结果接近，因此证明网格无关性能够让后续模拟减少误差，最终选择了具有 204124 节点的网格数。

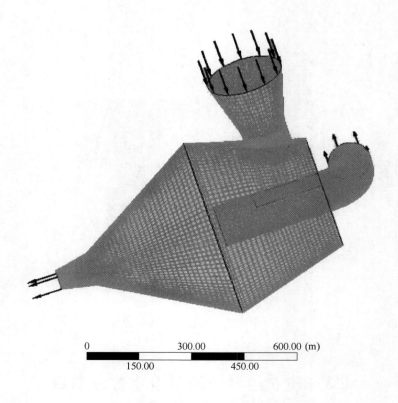

图 4-4　旋流器模型网格与入口设置图

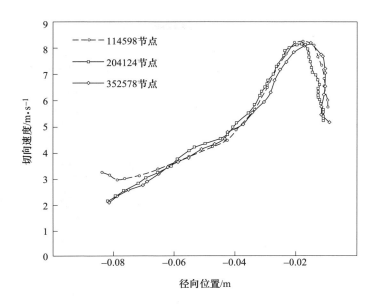

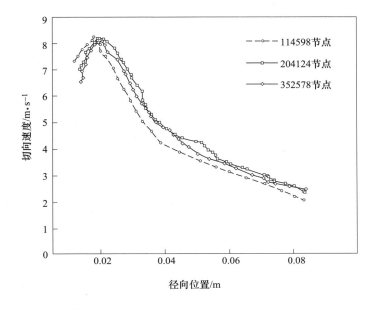

图 4-5　不同计算网格数对旋流器径向位置的切向速度影响

4.4　模拟结果与分析

不同模型参数对旋流器径向位置的切向速度曲线如图 4-6 所示。从图 4-6 可以看出，在给定的进料流速下，所有设计的切向速度都高于传统设计。同

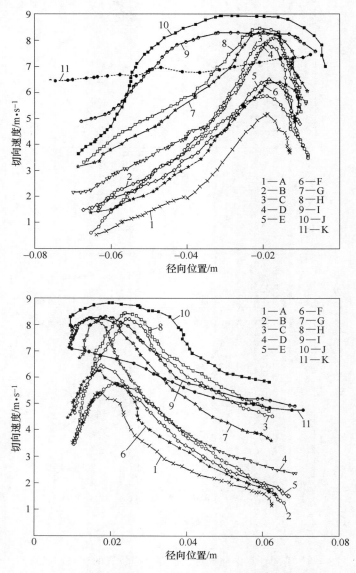

图 4-6　不同模型参数对旋流器径向位置的切向速度影响

时，内部溢流管的插入位置直接影响着重介质旋流器中的切向速度分布，因此编号 I 和 J 的设计能够预测较高的压降，而 E 和 F 由于溢流管深度逐渐减小，导致切向速度分量也相应减小，上部流场中不规则紊流的出现尤为明显，特别是不能产生健全的空气核，最终导致不同位置切向速度分量都较小。此外，根据大量研究报道，切向速度的增大会导致离心力也增大，因此就 A、B、C、D 4 个设计而言，无法改善细颗粒分离的效果。尤其是设计 A 和 B 的切向速度较小，并且设计中没有溢流管插入，可以判断整个旋流器中会有大量空气核的存在。虽然这样设计可以改善粗颗粒的分离效果，但形成不了清晰的分选区域，更无法保证不同密度差颗粒有效分离，尤其是细粒级的重产品易混入轻产品中。模拟结果表明，两个锥体可以使整个重介质旋流器主体中都具有非常高的切向速度。因此，考虑到编号 C 和 D 的设计模拟压降结果略低于编号 E 和 F，可以选择适宜压降数据进行设备保护；同时，由于双锥中溢流管的插入会产生不同抛物体形状的速度线，而模拟计算中所有设计力（离心力与重力之比）受到其物理参数的影响，因此设计编号为 C 和 D 的抛物体的流动横截面积比较小，预测轴向速度相对较大，可能会改善分选效果。需要注意的是，除了编号为 K 的设计之外，其他设计中进料口距旋流器中心点都存在一定的距离。由编号 K 设计的切向速度图可看出，整个切向速度变化很小，并且预测来料进入后会被溢流口均分，无法形成有效的分选场，因此可能会导致分选失败。

　　以上的模拟试验结果表明，在中心插入溢流管会显著提高切向速度。这是因为溢流管的出现消除了空气核，并减少了空气和水之间的摩擦损失，从而增加了动能，即提高了切向速度分量。值得注意的是，文献［90］指出，选择合适的溢流管直径、长度和材质都非常重要。如果溢流管的长度较大，也可能会降低切向速度。这是因为若溢流管的横截面和直径较大可能会扰乱流场。因此，后续考察涡流量、速度矢量、截面压力等参数可以观察到溢流管设计对平均涡量矢量的影响，以及在溢流口附近流场的扰动现象。通过这样的实验方法可以更好地评估溢流管的设计效果。

　　根据 A、C、D、G、H、I、J 和 K 8 个截面的切向速度云图（见图 4-7）可知，重介质旋流器在不同横截面上的切向速度差异较大。但不同横截面的共性是，越靠近旋流器上锥部分界面处，切向速度越大，尤其在上下锥界面处达到最大值。根据图 4-7（a）可发现，靠近旋流器壁面处的速度下降非常

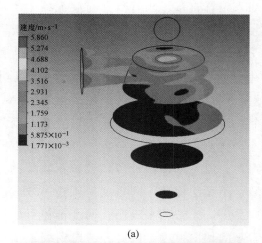

(a)

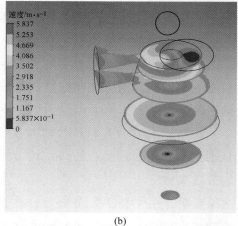

(b)

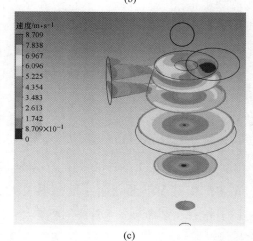

(c)

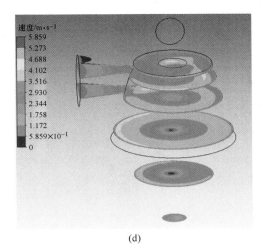

(d)

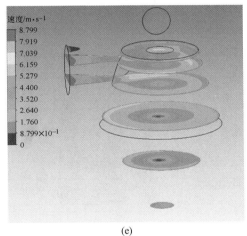

(e)

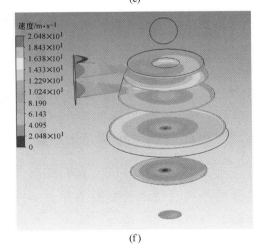

(f)

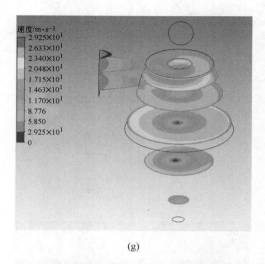

(g)

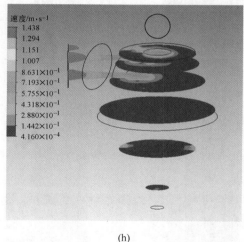

(h)

图 4-7　不同几何参数的重介质旋流器中各截面的速度云图

(a) 编号 A；(b) 编号 C；(c) 编号 D；(d) 编号 G；

(e) 编号 H；(f) 编号 I；(g) 编号 J；(h) 编号 K

快，最终在界面处的速度接近于零，这是因为旋流器内部壁面是固定不动的，而矿浆受到空气核的干扰及壁面的摩擦力导致切向速度急剧下降。因此，在重介质旋流器轴心向外很大一部分空间里，不同横截面的同一半径处，切向速度变化甚微，这与理论相符。在图 4-7 (h) 中，由于入料口直接位于旋流器中轴线上，同时受到溢流管壁面的摩擦影响，整个流域中切向速度后续变化较小，不会影响有效分离场。如图 4-7（b）和（c）所示，重介质旋流器上锥部分的各截面切向速度随轴心半径增大而增大，但在界面溢流管处会出现切向速度云明显减小的特征区域。这可能是因为溢流管插入长度较短，导致局部产生不稳定的空气核，紊乱了流场从而导致切向速度存在局部减小的现象，符合分布规律。将图 4-7（d）~（g）的模拟结果结合图 4-6 中的切向速度分布规律进行分析，发现溢流管插入深度越大，切向速度越大，切向速度与分离效果密切相关。因此，在同一水平截面上考察切向速度云图时，可得出结论，重介质旋流器上锥部分的切向速度与回转半径成正比，下锥部分的切向速度与回转半径成反比。

通过图 4-8 可以推测颗粒在三维旋流场中的运动轨迹。速度矢量图中的动量分布决定了重介质流体与旋流中剪切流体的相互作用过程。当颗粒粒径和密度都较大时，所受离心力远大于径向向内的曳力，因此，重颗粒会主要朝向旋流器边壁进行运动，并随着外旋流一起旋转。然而进入下部区域时，受到异、高密度物料交界处的影响，有可能导致重颗粒受到溢流管导流的影响。同时，由于下锥面的摩擦与挤压等原因，小颗粒可能向内移动，挤压后续轻型颗粒向上升，这些因素都将影响颗粒在旋流场中的粒径分选效果。

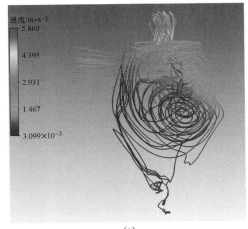

(a)

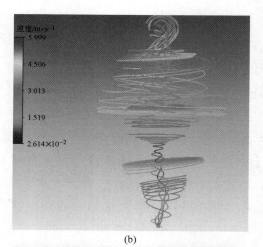

(b)

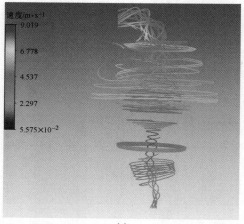

(c)

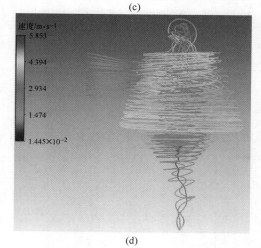

(d)

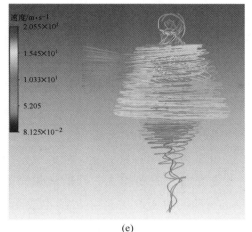

(e)

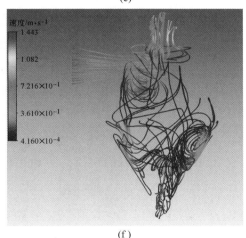

(f)

图 4-8　不同几何参数的重介质旋流器中速度矢量图

（a）编号 A；（b）编号 C；（c）编号 D；（d）编号 G；（e）编号 I；（f）编号 K

如图 4-8（f）所示，CFD 预测的重介质旋流器流场速度矢量非常混乱，尤其矿料从入料口进入后，流场中流体（速度矢量）碰撞溢流管壁面后呈现出无规则的散布趋势。这是由于入料口直接在旋流器中轴线上，大量的流体进入旋流器内部直接受到溢流管壁面的切分，并且整个流体的速度加大，不规则地击打在溢流管的壁面上，整个速度发生急剧变化，旋流剪切场不能有效形成。图 4-8（a）类似于图 4-8（f），流场中流体进入旋流器内部，由于以极大的速度冲击旋流器的内壁面处，受到外旋流与内旋流的迅速产生和旋流器上锥壁面的摩擦等作用，导致空气核迅速生成，有别于传统圆筒形旋流器，双锥重介质旋流器上部流场的速度矢量也极为混乱，甚至出现了不规则的涡流区域，说明双锥重介质旋流器中溢流管的插入起到了导流的作用，可以避免旋转流体互相干扰，或降低空气核的干扰及壁面的摩擦力作用，从而使切向速度急速下降，保证分离区域泾渭分明。图 4-8（b）和（c）的结果与切向速度图结果一致，即便溢流管长度不够，导流与降低干扰的现象也很明显，但是上锥部分中仍然存在局部的不稳定空气核，紊乱流场，造成速度矢量局部偏移的情况。如图 4-8（d）和（e）所示，模拟的结果基本符合切向速度的分布规律，溢流管插入深度越大，导流效果越好。同时，由于同类型设计（如编号 H 和编号 I）的速度矢量分布图也较为类似，因此未列出，这表明所有新设计具有改善细粒分级的潜力。与传统的重介质旋流器设计相比，新设计的旋流器有助于颗粒分离，并且分离效率水平略有提高。图 4-8（d）还可以观察到改良后的设计其轴向速度有一个小增量。

　　整个旋流器里总是有两股涡流，一股向上流动（强制涡流），另一股向下流动（自由涡流）。存在垂直/轴向速度变为零的点，LZVV 定义为轴向速度变为零的流体点的轨迹。此位置处的颗粒进入溢流和底流的概率相等。此时，颗粒受到向外的离心力等于向内的阻力。阻力将细颗粒拉入内部涡流，而离心力将粗颗粒拉入水力旋流器壁附近形成的主要涡流中。通常，较细的颗粒具有小于 LZVV 的轨道，而较粗的颗粒具有大于 LZVV 的轨道。与传统设计相比，在改进的设计中可观察到 LZVV 向空气核移动，这表明底流中的流动分流减少，因此可以预计到分级粒度的减小。与传统的重介质旋流器设计相比，这有助于颗粒分离，分离效率水平略有提高。另外，在切向速度更大的 I 模型中，虽然切向速度越大越能够改善分离粒度，但切向速度的增大可以通过入料速度增大实现。

　　由图 4-9 可知，整个分选的连续流场中，通常将流体微团作为连续流体的基本单元，以此单元为主来分析研究分选流场的基本涡流特征。流体微团在旋流器中受到各项应力的作用，导致流体微团的体积大小发生改变，也说明流体旋转过程中会出现膨胀或伸缩的现象。而微团方向的改变，则意味着流体在旋转中的三维运动偏移概率。涡量分布与涡量的大小反映了旋流场中不同颗粒的三维自转特征。

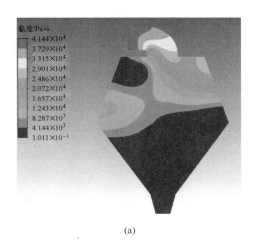

(a)

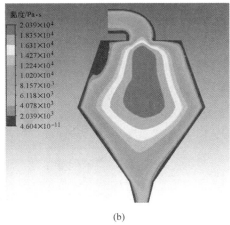

(b)

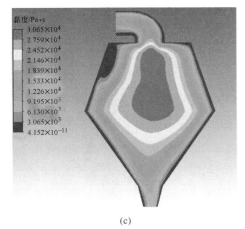

(c)

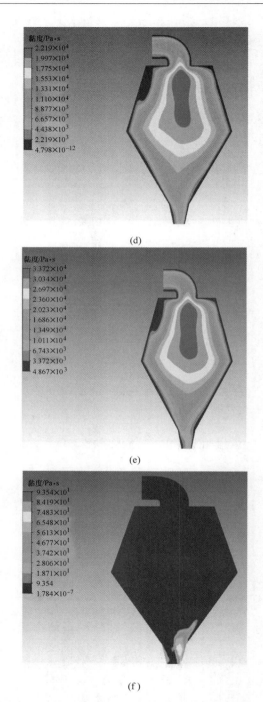

图 4-9　不同几何参数的重介质旋流器中各涡流场图

（a）编号 A；（b）编号 C；（c）编号 D；（d）编号 G；（e）编号 I；（f）编号 K

由新设计的旋流器中心截面上的旋流场涡量分布云图（见图4-9（f））可以看到，从入料口进入的流体并没有产生稳定的涡流场，验证了速度矢量图中碰撞溢流管壁面后呈现出无规则散布趋势的规律。再一次证明，入料口的中心处直接对着溢流管会将流体微团剪切并降速，呈均匀状态分布于旋流器中，由于流体剪切力导向固定，因此微团在旋流中心区域自转速度不大，反而是在底流口附近产生了一定的涡量值。由图4-9（a）可见，从入料口进入的流体形成了一些不规则涡流场，尤其显现在旋流器上锥部分，流体微团由于没有溢流管的干扰，微团冲击旋流器内壁面产生规则的自旋现象。根据速度矢量图也可知，旋流器左上锥局部产生空气核，因此涡流场就在入口对面的右上锥部分受到挤压，尤其在溢流口附近出现局部增大涡量值。如图4-9（b）和（c）所示，涡流场图与速度矢量图结果保持一致。涡流场形成极为明显，其中由于溢流管插入旋流器内部的长度有限，因此下部涡流场涡流值有增大趋势，且涡流场的范围逐步扩大，呈现出一个葫芦形状。如图4-9（d）所示，涡流场的模拟结果与上述几个的模拟结果极为吻合，溢流管插入深度较大，保证了流体微团在横向与纵向应力平衡，整个内部的涡流场分布均匀，自由涡区域增长幅度明显清晰，涡量也按比例增长。与前面的设计模型相比，规则的涡流场能够保证不同颗粒的螺旋运动，减少颗粒间的互相干扰，进而证明新设计的模型有助于颗粒分离，显著提高分离效率。

众所周知，旋流器入口的压力能为重介质旋流器的分选物料提供必需的分离能量，旋流器内部是通过一定比例的压力损失，来交换分离所需要的能量。故而旋流器的分离效率也需考虑压力损耗，且能够判断其机械磨损最大的位置。由于双锥重介质旋流器是重介质型旋流器，两个锥面与溢流管插入导致流体微团经过入口压力加速后螺旋运动，重产品经底流口流出，轻产品经溢流口流出。由图4-10不同截面压力分布图看出，压力的分布规律基本与涡流场分布规律大致相同，其中图4-10（d）和（e）的溢流管插入深度越大，压力损耗增高，对旋流器壁面的机械磨损也更大。

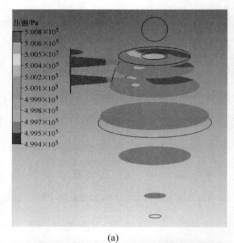

(a)

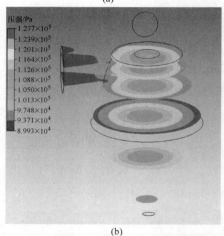

(b)

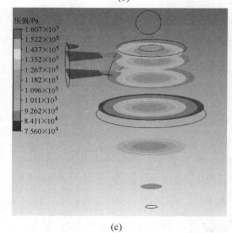

(c)

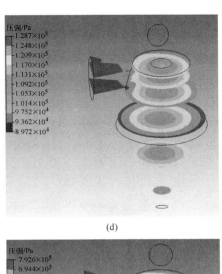

(d)

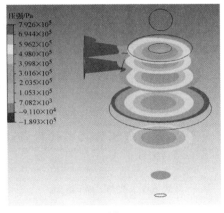

(e)

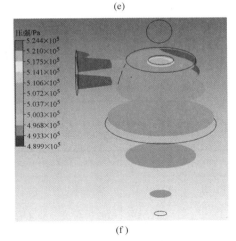

(f)

图 4-10　不同几何参数的重介质旋流器中各截面压力云图

（a）编号 A；（b）编号 C；（c）编号 D；（d）编号 G；（e）编号 I；（f）编号 K

5 低品位硫化铅锌矿双锥重介质旋流器预选研究

本章以云南澜沧某地的低品位铅锌矿为例，验证双锥重介质旋流器的工艺流程方案及经济指标的稳定性和可靠性，并通过实际结果改进和完善各项结构参数，为低品位难选硫化矿开发利用提供可靠的工艺路线。

5.1 矿石性质

从表 5-1 与表 5-2 看出，该矿石中有价金属元素主要为铅、锌、铁和硫，其中含 Pb 3.17%、Zn 1.12%、Fe 24.9%、S 30.22%。此外，有少量的石英与云母嵌布共生。由于矿物脉石与金属硫化矿物集合体的粒度非常接近，因此通过预先抛尾是后续浮选过程中非常重要的步骤。

表 5-1　光谱分析结果

元素	Pb	Zn	Cu	Ag/g · t^{-1}	Fe	As
含量/%	3.17	1.12	0.092	30	24.9	0.34
元素	Si	Al	Ca	Mg	S	
含量/%	6.98	1.5~2.5	2.71	1.3	30.22	

表 5-2　物相分析结果　　　　　　　　　　　（%）

相别	含量	占有率	累积	相别	含量	占有率	累积
氧化铅	0.86	27.26	—	氧化锌	0.1	8.98	
铅铁矾	0.057	1.79	29.05	锌铁尖晶石	0.003	0.29	9.27
硫化铅	2.24	70.95	100.00	硫化锌	1.02	90.73	100.00
合计	3.17	100.00	—	合计	1.12	100.00	

为进行重介质试验，破碎后的矿石粒度选为小于20mm。试验采用了云南某研究院自行研制的工业生产型ϕ500mm双锥重介质旋流器，分别考察重介质旋流器的介质密度、沉砂嘴、溢流口、倾角、下锥角条件对半工业试验的影响。半工业试验工艺流程如图5-1所示。

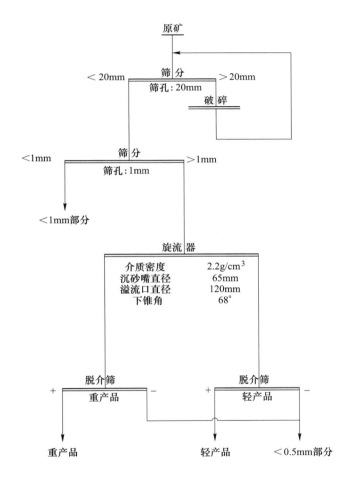

图 5-1 半工业试验流程图

5.2 介质密度试验

表5-3的试验结果表明，随着介质密度的下降，轻产品产率（即抛废产

率）减少，轻产品中的铅锌损失率也下降；当介质密度为 2.20g/cm³ 时，轻产品产率为 60.93%，铅品位为 0.51%、回收率为 10.94%，锌品位为 0.38%、损失率为 23.83%。因此半工业试验中重介质旋流器的介质密度以 2.20g/cm³ 为宜。

表 5-3 介质密度试验结果

介质密度 /g·cm⁻³	产品名称	产率 /%	品位/%		回收率/%	
			Pb	Zn	Pb	Zn
2.45	重产品	6.00	17.29	5.33	36.36	35.68
	轻产品	67.95	0.89	0.40	21.19	30.32
	<0.5mm 部分	9.12	4.65	1.17	14.86	11.91
	<1mm 部分	16.93	4.65	1.17	27.58	22.09
	给矿	100.00	2.85	0.90	100.00	100.00
2.40	重产品	6.40	16.74	5.58	38.58	38.08
	轻产品	67.70	0.74	0.41	18.04	29.60
	<0.5mm 部分	8.97	4.65	1.17	15.03	11.19
	<1mm 部分	16.93	4.65	1.17	28.35	21.13
	给矿	100.00	2.78	0.94	100.00	100.00
2.30	重产品	8.88	13.96	4.33	43.77	39.84
	轻产品	65.64	0.62	0.43	14.37	29.25
	<0.5mm 部分	8.55	4.65	1.17	14.05	10.37
	<1mm 部分	16.93	4.65	1.17	27.81	20.53
	给矿	100.00	2.83	0.96	100.00	100.00
2.20	重产品	12.97	10.15	3.35	46.35	44.74
	轻产品	60.93	0.51	0.38	10.94	23.83
	<0.5mm 部分	9.17	4.65	1.17	15.01	11.04
	<1mm 部分	16.93	4.65	1.17	27.71	20.39
	给矿	100.00	2.84	0.97	100.00	100.00

5.3 旋流器倾角试验

为了考察旋流器不同倾角条件对分选指标的影响，进行了旋流器倾角条件试验，试验结果见表 5-4。

表 5-4 旋流器倾角条件试验结果

旋流器倾角/(°)	产品名称	产率/%	品位/%		回收率/%	
			Pb	Zn	Pb	Zn
0	重产品	12.97	10.15	3.35	46.35	44.74
	轻产品	60.93	0.51	0.38	10.94	23.83
	<0.5mm 部分	9.17	4.65	1.17	15.01	11.04
	<1mm 部分	16.93	4.65	1.17	27.71	20.39
	给矿	100.00	2.84	0.97	100.00	100.00
15	重产品	16.24	8.95	2.88	50.07	49.75
	轻产品	57.69	0.41	0.29	8.15	17.80
	<0.5mm 部分	9.15	4.65	1.17	14.65	11.38
	<1mm 部分	16.93	4.65	1.17	27.13	21.07
	给矿	100.00	2.90	0.94	100.00	100.00

表 5-4 的试验结果表明，随着倾角增大，轻产品产率（即抛废产率）减少，轻产品中的铅锌品位和回收率也下降；在旋流器倾角为 15°时，轻产品产率为 57.69%，铅品位为 0.41%、回收率为 8.15%，锌品位为 0.29%、回收率为 17.80%。因此，重介质扩大试验旋流器倾角以 15°为宜。

5.4 旋流器沉砂嘴直径试验

为了考察不同旋流器沉砂嘴直径对分选指标的影响，进行了旋流器沉砂嘴直径条件试验，试验结果见表 5-5。

表 5-5　旋流器沉砂嘴直径条件试验结果

旋流器沉砂嘴直径/mm	产品名称	产率/%	品位/%		回收率/%	
			Pb	Zn	Pb	Zn
65	重产品	12.97	10.15	3.35	46.35	44.74
	轻产品	60.93	0.51	0.38	10.94	23.83
	<0.5mm 部分	9.17	4.65	1.17	15.01	11.04
	<1mm 部分	16.93	4.65	1.17	27.71	20.39
	给矿	100.00	2.84	0.97	100.00	100.00
60	重产品	11.44	10.88	2.90	43.12	36.97
	轻产品	61.93	0.65	0.41	13.95	28.30
	<0.5mm 部分	9.71	4.65	1.17	15.64	12.66
	<1mm 部分	16.93	4.65	1.17	27.28	22.08
	给矿	100.00	2.89	0.90	100.00	100.00
55	重产品	9.47	12.57	3.71	41.47	36.55
	轻产品	64.23	0.71	0.47	15.90	31.42
	<0.5mm 部分	9.37	4.65	1.17	15.19	11.41
	<1mm 部分	16.93	4.65	1.17	27.44	20.62
	给矿	100.00	2.87	0.96	100.00	100.00

表 5-5 的试验结果表明，随着旋流器沉砂嘴直径减小，重产品产率减少，轻产品产率增加，轻产品中的铅、锌品位上升和回收率也上升；在旋流器沉砂嘴直径为 ϕ65mm 时，轻产品产率为 60.93%，铅品位为 0.51%、回收率为 10.94%，锌品位为 0.38%、回收率为 23.83%。因此，重介质扩大试验旋流器沉砂嘴直径以 ϕ65mm 为宜。

5.5　旋流器下锥体锥角试验

为了考察不同旋流器下锥体锥角对分选指标的影响，进行了旋流器下锥体锥角条件试验，试验结果见表 5-6。

表 5-6 旋流器沉砂嘴直径条件试验结果

旋流器下锥体锥角/(°)	产品名称	产率/%	品位/%		回收率/%	
			Pb	Zn	Pb	Zn
56	重产品	22.72	6.19	2.13	49.45	53.67
	轻产品	51.22	0.44	0.22	7.92	12.50
	<0.5mm 部分	9.14	4.65	1.17	14.94	11.86
	<1mm 部分	16.93	4.65	1.17	27.68	21.97
	给矿	100.00	2.84	0.90	100.00	100.00
68	重产品	12.97	10.15	3.35	46.35	44.74
	轻产品	60.93	0.51	0.38	10.94	23.83
	<0.5mm 部分	9.17	4.65	1.17	15.01	11.04
	<1mm 部分	16.93	4.65	1.17	27.71	20.39
	给矿	100.00	2.84	0.97	100.00	100.00

表 5-6 的试验结果表明，随着旋流器下锥体锥角减小，重产品产率增加，轻产品产率也增加，轻产品中的铅、锌品位和回收率下降；在旋流器下锥体锥角为 56°时，轻产品产率为 51.22%，铅品位为 0.44%、回收率为 7.92%，锌品位为 0.22%、回收率为 12.50%。因此，重介质扩大试验旋流器下锥体锥角以 56°为宜。

5.6 旋流器最佳参数综合试验

通过流体力学模拟计算的优化结构，再根据实际调整旋流器介质密度、倾角、沉砂嘴直径、下锥体锥角条件试验后，得到最佳条件参数：介质密度为 2.20g/cm³、倾角为 15°、沉砂嘴直径为 65mm、溢流口直径为 120mm、下锥体锥角为 56°。

为验证旋流器最佳参数综合条件下的精矿分选指标，进行了旋流器最佳参数综合条件试验，试验结果见表 5-7。

表 5-7　旋流器最佳参数综合条件试验结果　　　　　（%）

产品名称	产率	品位		回收率	
		Pb	Zn	Pb	Zn
重产品	23.89	6.39	1.92	51.83	52.90
轻产品	49.19	0.34	0.19	5.68	10.78
<0.5mm 部分	9.99	4.65	1.17	15.77	13.48
<1mm 部分	16.93	4.65	1.17	26.72	22.84
给矿	100.00	2.95	0.87	100.00	100.00

表 5-7 的试验结果表明，在旋流器最佳参数综合条件下，轻产品产率为 49.19%、铅品位为 0.34%、回收率为 5.68%，锌品位为 0.19%、回收率为 10.78%。

5.7　连续给料扩大试验

条件试验后，考虑半工业试验介质密度选定为 $2.00g/cm^3$、沉砂嘴直径 65mm、流溢口直径 120mm、下锥角 56°、倾角 15°；连续给料扩大试验的试验流程如图 5-2 所示，试验结果见表 5-8。

表 5-8　连续给料扩大试验结果　　　　　（%）

产品名称	产率	品位		回收率	
		Pb	Zn	Pb	Zn
重产品	33.18	5.10	1.70	53.42	58.13
轻产品	40.38	0.61	0.24	7.78	9.99
<0.5mm 部分	9.51	4.65	1.17	13.95	11.46
<1mm 部分	16.93	4.65	1.17	24.85	20.42
给矿	100.00	3.17	0.97	100.00	100.00

表 5-8 的结果表明，连续给料第二次扩大试验得到的轻产品产率为 40.38%，铅品位为 0.61%、回收率为 7.78%，锌品位为 0.24%、回收率为 9.99%。

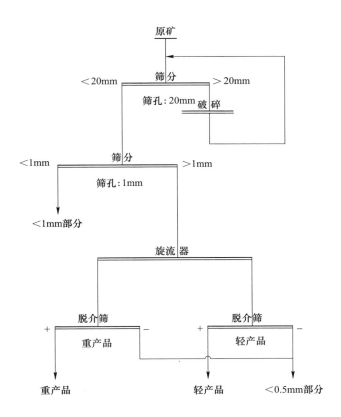

图 5-2　连续给料扩大试验流程

5.8　浮选验证试验

为验证试验结果，采用浮选法进行实验。矿石经过磨矿至小于
0.074mm（200 目）粒级占 70%左右进行选铅作业，该工艺包括一次粗选、
一次扫选和二次精选。在选铅作业中，采用硫酸锌作为锌矿物的抑制剂、乙
黄药作为铅矿物的捕收剂、730A 作为起泡剂。对于选锌作业，也采用了类
似工艺，包括一次粗选、一次扫选和二次精选。在该过程中，采用硫酸铜作
为锌矿物的活化剂、丁黄药作为锌矿物的捕收剂、730A 作为起泡剂。浮选
试验流程如图 5-3 所示，试验结果见表 5-9。

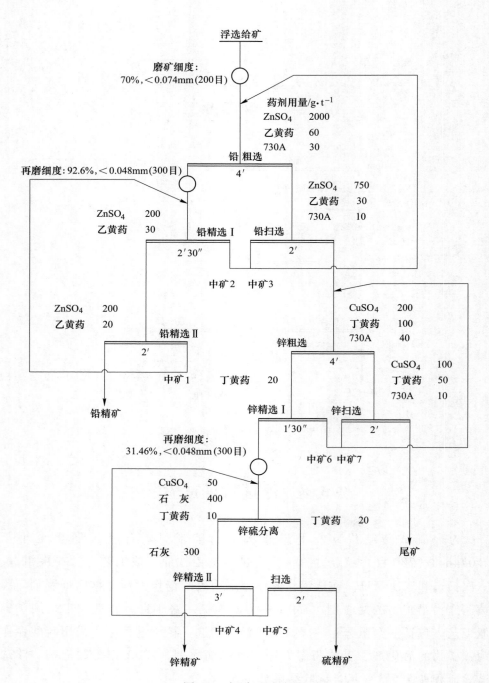

图 5-3　闭路试验流程

表 5-9　闭路试验结果　　　　　　　　（％）

产品名称	产率		品位				回收率			
			Pb		Zn		Pb		Zn	
	个别	累计	个别	平均	个别	平均	个别	累计	个别	累计
铅精矿	6.25		75.48		3.12		96.36		13.31	
锌精矿	2.17	8.42	2.17	56.57	52.49	15.85	0.96	97.32	77.83	91.14
硫精矿	3.06	11.48	1.39	41.86	1.06	11.91	0.87	98.19	2.22	93.36
尾矿	88.52		0.100		0.110		1.81		6.64	
给矿	100.00		4.90		1.46		100.00		100.00	

表 5-9 试验结果表明，小型闭路试验可获得铅精矿铅品位为 75.48%、回收率为 96.36%，锌精矿锌品位为 52.49%、回收率为 77.83%。

6 低品位氧化铅锌矿双锥重介质选别回收研究

众所周知，云南部分地区的氧化铅锌矿具备铅锌品位低、氧化率高、脉石含量高、矿泥含量高等特点，常规的浮选方法很难获得良好的技术指标。因此，针对难选云南某地铅锌矿的性质特点，通过双锥重介质旋流器分选高效回收是半工业试验的研究重点。为了详细考察重介质旋流器的结构参数及操作条件对分选指标的影响规律，确定最佳分选条件，进行最优结果参数的扩大试验。

6.1 原矿性质

由表 6-1 和表 6-2 可知，原矿中可回收利用的元素主要有 Pb、Zn 和少量伴生的 Ag，其中 Pb 品位为 1.5%、Zn 品位为 6.96%。脉石矿物主要为石英、硅酸盐类及钙、镁碳酸盐类矿物。另外，还有有害元素砷，但含量不高。

表 6-1 光谱分析结果 （%）

元　素	Al	Mn	Mg	Pb	Fe	As	Si
概量	1.0	0.1	0.3~1	1.00	3.0	0.1	>10
元　素	Zn	Ca	Ag/g·t^{-1}	Cu	B	Sn	
概量	3~10	10.0	0.003~0.01	0.3	0.3~1	0.01	

表 6-2 化学多元素分析结果 （%）

元　素	Pb	Zn	S	Al$_2$O$_3$	CaO	MgO	As
含量	1.5	6.96	2.66	2.24	31.84	0.96	0.34

续表 6-2

元素	SiO_2	P	Mn	$Au/g \cdot t^{-1}$	$Ag/g \cdot t^{-1}$	Cu	Fe
含量	16.69	0.011	0.34	<0.2	11.5	0.0089	6.0

从表 6-3 和表 6-4 分析结果可知，铅、锌的氧化率都比较高，其中铅的氧化率为 81.94%，以铅钒（$PbSO_4$）和白铅矿（$PbCO_3$）为主；锌的氧化率高达 88.32%，主要以菱锌矿为主。可以看出，此类铅锌矿氧化率高，属于难选矿范畴。

表 6-3 铅物相分析结果　　　　　　（％）

铅物相	硫酸盐	碳酸盐	硫化物	铅铁矾及其他	总铅
含量	0.58	0.45	0.26	0.15	1.44
分布率	40.28	31.25	18.06	10.42	100.00

表 6-4 锌物相分析结果　　　　　　（％）

锌物相	碳酸锌	硅酸锌	硫化锌	锌铁尖晶石及其他	总锌
含量	5.51	0.5	0.8	0.04	6.85
分布率	80.44	7.30	11.68	0.58	100.00

6.2　矿粒度及浮沉实验

原矿粒度筛分一共进行了三个级别的筛分，粒度为 20~0mm、16~0mm、10~0mm，具体见表 6-5。

表 6-5 原矿粒度筛分

筛分粒度范围/mm	粒度/mm	产率/%		品位/%				回收率/%			
		个别	累计	Pb		Zn		Pb		Zn	
				个别	平均	个别	平均	个别	累计	个别	累计
20~0	20~16	9.76		1.00		4.64		6.47		6.51	
	16~10	15.24	25.00	1.06	1.04	4.85	4.77	10.76	17.23	10.62	17.13

筛分粒度范围/mm	粒度/mm	产率/%		品位/%				回收率/%			
		个别	累计	Pb		Zn		Pb		Zn	
				个别	平均	个别	平均	个别	累计	个别	累计
20~0	10~5	19.65	44.65	1.24	1.13	7.50	5.97	16.25	33.48	21.18	38.31
	5~2	14.63	59.28	1.34	1.18	8.37	6.56	13.03	46.51	17.60	55.91
	2~0.5	9.89	69.17	1.95	1.29	9.17	6.94	12.86	59.37	13.04	68.95
	<0.5	30.83	100.00	1.98	1.50	7.01	6.96	40.63	100.00	31.05	100.00
	给矿	100.00		1.50		6.96		100.00		100.00	
16~0	16~10	17.26		1.20		5.67		14.38		14.30	
	10~5	21.34	38.60	1.33	1.27	6.71	6.24	19.73	34.12	20.90	35.20
	5~2	16.49	55.09	1.44	1.32	7.27	6.55	16.43	50.54	17.50	52.70
	2~0.5	12.03	67.12	1.20	1.30	8.28	6.86	10.00	60.54	14.55	67.25
	<0.5	32.88	100.00	1.73	1.44	6.82	6.85	39.46	100.00	32.75	100.00
	给矿	100.00		1.44		6.85		100.00		100.00	
10~0	10~5	31.62		1.07		6.64		23.31		30.48	
	5~2	20.00	51.62	1.44	1.22	7.62	7.02	19.80	43.11	22.13	52.61
	2~0.5	13.46	65.08	1.66	1.31	7.35	7.09	15.36	58.47	14.38	66.99
	<0.5	34.92	100.00	1.73	1.45	6.51	6.89	41.53	100.00	33.01	100.00
	给矿	100.00		1.45		6.89		100.00		100.00	

通过对照表 6-5 和表 6-6 的结果分析后可知，当粒径为 20~0.5mm 时，不论密度为 2.8g/cm³ 还是 2.7g/cm³，铅、锌的回收率都不高，分选效果也不理想，这主要是单体解离不够充分，在分选过程中会造成损失；当粒径为 10~0.5mm 时，虽然在密度为 2.8g/cm³ 和 2.7g/cm³ 下回收的铅、锌品位较高，但回收率却不理想，说明细粒级的条件下锌金属的损失很大。

表 6-6　浮沉试验的指标

粒级 /mm	密度 /g·cm⁻³	产率/%		品位/%				回收率/%			
				Pb		Zn		Pb		Zn	
		个别	累计	个别	平均	个别	平均	个别	累计	个别	累计
20~0.5	>2.8	22.61		3.49		17.49		61.57		57.02	
	2.8~2.7	16.25	38.86	0.97	2.43	4.96	12.24	12.28	73.85	11.63	68.65
	<2.7	61.14	100.00	0.55	1.28	3.56	6.93	26.15	100.00	31.35	100.00
	合计	100.00		1.28		6.93		100.00		100.00	
16~0.5	>2.8	20.89		4.52		22.87		73.14		67.90	
	2.8~2.7	13.97	34.86	1.07	3.14	7.26	16.58	11.61	84.75	14.43	82.33
	<2.7	65.14	100.00	0.30	1.29	1.91	7.03	15.25	100.00	17.67	100.00
	合计	100.00		1.29		7.03		100.00		100.00	
合并 10~0.5	>2.8	21.13		4.86		21.92		77.65		66.02	
	2.8~2.7	11.32	32.45	0.93	3.48	5.97	16.36	7.92	85.57	9.62	75.64
	<2.7	67.55	100.00	0.28	1.32	2.53	7.02	14.43	100.00	24.36	100.00
	合计	100.00		1.32		7.02		100.00		100.00	

　　综合上述结果，确定粒径为 16~0.5mm 的矿石适宜分选。在此粒径范围内，无论密度为 2.8g/cm³ 还是 2.7g/cm³，铅和锌的品位、回收率均优于其他两种不同粒径的情况，且各项沉浮试验的指标表现良好。

6.3　重介质密度与沉砂口变化因数试验

　　根据小型验证试验结果，原矿粒度破碎到小于 16mm，筛出小于 0.5mm 粒级。将 16~0.5mm 粒级作为重介质旋流器的给矿进行重介质分选的各项试验，小于 0.5mm 粒级的不进入重介质旋流器分选。

　　重介质分选试验装置主要由 φ500mm 双锥重介质旋流器、重介质配制搅拌桶、重介质输送泵、高位槽及轻产品脱介筛和重产品脱介筛组成。试验时，重介质输送泵将配制到一定密度的介质循环送入高位槽，试料给入高位槽与介质混合后进入下方的重介质旋流器分选。重介质旋流器与高位槽之间的高差为 6.5m，每次试验的试料总量约为 60kg。

综合考察了不同介质密度与之相对应的不同沉砂口的试验指标的变化，试验参数见表 6-7，试验结果见表 6-8。

表 6-7　重介质密度与沉砂口变化的试验参数

试验号	密度/g·cm⁻³	沉砂口直径/mm	溢流管直径/mm	锥角/(°)
1	2.01	50	120	60
2	2.01	55	120	60
3	2.01	60	120	60
4	2.35	50	120	60
5	2.35	55	120	60
6	2.35	60	120	60
7	2.41	50	120	60
8	2.41	55	120	60
9	2.41	60	120	60
10	2.45	50	120	60
11	2.45	55	120	60
12	2.45	60	120	60

表 6-8　重介质密度与沉砂口变化的试验结果　　　　　　　　　　（%）

试验号	名称	产率		品位		回收率			
						Pb		Zn	
		个别	累计	Pb	Zn	个别	累计	个别	累计
1	重产品	54.10		2.08	11.18	86.58		87.63	
	轻产品	45.90	100.00	0.38	1.86	13.42	100.00	12.37	100.00
	给矿	100.00		1.30	6.90	100.00		100.00	

续表 6-8

试验号	名称	产率		品位		回收率				
						Pb		Zn		
		个别	累计	Pb	Zn	个别	累计	个别	累计	
2	重产品	52.68		1.92	11.05	75.33		88.11		
	轻产品	47.32	100.00	0.70	1.66	24.67	100.00	11.89	100.00	
	给矿	100.00		1.34	6.61	100.00		100.00		
3	重产品	54.58		1.97	10.51	77.68		88.07		
	轻产品	45.42	100.00	0.68	1.71	22.32	100.00	11.93	100.00	
	给矿	100.00		1.38	6.51	100.00		100.00		
4	重产品	27.55		3.46	18.90	75.37		77.22		
	轻产品	72.45	100.00	0.43	2.12	24.63	100.00	22.78	100.00	
	给矿	100.00		1.26	6.74	100.00		100.00		
5	重产品	23.93		4.37	19.37	82.58		70.18		
	轻产品	76.07	100.00	0.29	2.59	17.42	100.00	29.82	100.00	
	给矿	100.00		1.27	6.61	100.00		100.00		
6	重产品	35.54		3.19	16.52	88.72		84.34		
	轻产品	64.46	100.00	0.26	1.69	11.28	100.00	15.66	100.00	
	给矿	100.00		1.30	6.96	100.00		100.00		
7	重产品	22.18		4.47	20.14	78.94		68.66		
	轻产品	77.82	100.00	0.34	2.62	21.06	100.00	31.34	100.00	
	给矿	100.00		1.26	6.51	100.00		100.00		
8	重产品	20.25		4.08	21.72	61.44		68.30		
	轻产品	79.75	100.00	0.65	2.56	38.56	100.00	31.70	100.00	
	给矿	100.00		1.34	6.44	100.00		100.00		
9	重产品	30.96		3.47	17.87	82.61		79.45		
	轻产品	69.04	100.00	0.33	2.07	17.39	100.00	20.55	100.00	
	给矿	100.00		1.30	6.96	100.00		100.00		

续表 6-8

试验号	名称	产率		品位		回收率				
						Pb		Zn		
		个别	累计	Pb	Zn	个别	累计	个别	累计	
10	重产品	27.55		3.46	18.90	75.37		77.22		
	轻产品	72.45	100.00	0.43	2.12	24.63	100.00	22.78	100.00	
	给矿	100.00		1.26	6.74	100.00		100.00		
11	重产品	23.93		4.37	19.37	82.58		70.18		
	轻产品	76.07	100.00	0.29	2.59	17.42	100.00	29.82	100.00	
	给矿	100.00		1.27	6.61	100.00		100.00		
12	重产品	24.82		3.98	19.73	78.97		74.50		
	轻产品	75.18	100.00	0.35	2.23	21.03	100.00	25.50	100.00	
	给矿	100.00		1.25	6.57	100.00		100.00		

表 6-8 试验结果表明，随着介质密度的增加，铅、锌品位上升，精矿回收率下降。综合比较，介质密度取 2.45g/cm³ 较适合。对于三个沉砂口直径试验指标对比，不难看出，沉砂口大一点对铅、锌的品位和回收率都较好，推荐沉砂口采用直径以 60mm 为宜。

6.4　安装倾角与沉砂口变化试验

为了综合考察安装倾角与沉砂口变化的规律性，在矿介比为 1∶8 的条件下进行多因素对比试验，试验参数见表 6-9，试验结果见表 6-10。

表 6-9　安装倾角与沉砂口变化试验参数

试验号	安装倾角 /(°)	沉砂口直径 /mm	密度 /g·cm⁻³	溢流管直径 /mm	锥角 /(°)
1	0	50	2.35	120	60
2	0	55	2.35	120	60
3	0	60	2.35	120	60

续表 6-9

试验号	安装倾角 /(°)	沉砂口直径 /mm	密度 /g·cm⁻³	溢流管直径 /mm	锥角 /(°)
4	15	50	2.35	120	60
5	15	55	2.35	120	60
6	15	60	2.35	120	60

表 6-10 安装倾角与沉砂口变化试验结果　　　　　　　　（％）

试验号	名称	产率		品位		回收率			
		个别	累计	Pb 个别	Zn 个别	Pb 个别	Pb 累计	Zn 个别	Zn 累计
1	重产品	27.55		3.46	18.90	75.37		77.22	
	轻产品	72.45	100.00	0.43	2.12	24.63	100.00	22.78	100.00
	给矿	100.00		1.26	6.74	100.00		100.00	
2	重产品	23.93		4.37	19.37	82.58		70.18	
	轻产品	76.07	100.00	0.29	2.59	17.42	100.00	29.82	100.00
	给矿	100.00		1.27	6.61	100.00		100.00	
3	重产品	35.54		3.14	16.02	88.72		84.34	
	轻产品	64.46	100.00	0.22	1.64	11.28	100.00	15.66	100.00
	给矿	100.00		1.26	6.75	100.00		100.00	
4	重产品	34.40		3.16	16.66	85.55		80.18	
	轻产品	65.60	100.00	0.28	2.16	14.45	100.00	19.82	100.00
	给矿	100.00		1.27	7.15	100.00		100.00	
5	重产品	33.98		3.13	17.66	83.86		80.87	
	轻产品	66.02	100.00	0.31	2.15	16.14	100.00	19.13	100.00
	给矿	100.00		1.27	7.42	100.00		100.00	

试验号	名称	产率		品位		回收率			
		个别	累计	Pb	Zn	Pb		Zn	
				个别	个别	个别	累计	个别	累计
6	重产品	39.51		2.78	14.93	87.47		84.56	
	轻产品	60.49	100.00	0.26	1.78	12.53	100.00	15.44	100.00
	给矿	100.00		1.26	6.97	100.00		100.00	

由表 6-10 的试验结果可知，安装倾角主要是对铅、锌回收率有一定的影响，在相同沉砂口直径，安装角度为 15°的回收率优于 0°的回收率，因此后续试验均以重介质旋流器的安装倾角以 15°为准。

6.5　安装倾角为 15°时不同密度对比试验

根据表 6-10 的试验结果可知，安装倾角为 15°时，铅、锌的回收率较高，为了考察安装倾角为 15°时，不同密度对应于不同沉砂口选别指标情况，进行了后续试验，试验参数结果见表 6-11，试验结果见表 6-12。

表 6-11　安装倾角为 15°时不同密度对比的试验参数

试验号	密度/g·cm^{-3}	安装倾角/(°)	沉砂口直径/mm	溢流管直径/mm	锥角/(°)
1	2.35	15	50	120	60
2	2.35	15	55	120	60
3	2.35	15	60	120	60
4	2.45	15	50	120	60
5	2.45	15	55	120	60
6	2.45	15	60	120	60
7	2.55	15	50	120	60
8	2.55	15	55	120	60
9	2.55	15	60	120	60

表 6-12 安装倾角为15°时不同密度对比试验结果 （％）

试验号	名称	产率		品位		回收率			
				Pb	Zn	Pb		Zn	
		个别	累计	个别	个别	个别	累计	个别	累计
1	重产品	39.51		2.78	14.93	87.47		84.56	
	轻产品	60.49	100.00	0.26	1.78	12.53	100.00	15.44	100.00
	给矿	100.00		1.26	6.97	100.00		100.00	
2	重产品	33.98		3.13	17.66	83.86		80.87	
	轻产品	66.02	100.00	0.31	2.15	16.14	100.00	19.13	100.00
	给矿	100.00		1.27	7.42	100.00		100.00	
3	重产品	34.40		3.16	16.66	85.55		80.18	
	轻产品	65.60	100.00	0.28	2.16	14.45	100.00	19.82	100.00
	给矿	100.00		1.27	7.15	100.00		100.00	
4	重产品	24.45		3.78	21.26	75.36		74.79	
	轻产品	75.55	100.00	0.40	2.32	24.64	100.00	25.21	100.00
	给矿	100.00		1.23	6.95	100.00		100.00	
5	重产品	21.31		3.98	23.15	68.31		72.31	
	轻产品	78.69	100.00	0.50	2.40	31.69	100.00	27.69	100.00
	给矿	100.00		1.24	6.82	100.00		100.00	
6	重产品	24.19		3.98	21.36	78.40		76.80	
	轻产品	75.81	100.00	0.35	2.06	21.60	100.00	23.20	100.00
	给矿	100.00		1.23	6.73	100.00		100.00	
7	重产品	23.12		3.77	20.42	68.14		72.24	
	轻产品	76.88	100.00	0.53	2.36	31.86	100.00	27.76	100.00
	给矿	100.00		1.28	6.54	100.00		100.00	

续表 6-12

试验号	名称	产率		品位		回收率			
				Pb	Zn	Pb		Zn	
		个别	累计	个别	个别	个别	累计	个别	累计
8	重产品	21.09		4.06	21.34	68.89		69.10	
	轻产品	78.91	100.00	0.49	2.55	31.11	100.00	30.90	100.00
	给矿	100.00		1.24	6.51	100.00		100.00	
9	重产品	28.43		3.78	19.03	85.24		78.83	
	轻产品	71.57	100.00	0.26	2.03	14.76	100.00	21.17	100.00
	给矿	100.00		1.26	6.86	100.00		100.00	

由表 6-12 的试验结果可知,随着密度的增加,铅、锌精矿品位增加,回收率基本稳定;随着沉砂口直径变大,铅、锌精矿品位增加,回收率也基本稳定。综合比较,安装倾角为 15°时,密度定为 2.45g/cm³,沉砂口直径以 60mm 为宜。

6.6　溢流管直径试验

根据以上综合因素的试验,选定沉砂口直径为 60mm,密度为 2.45g/cm³,安装倾角为 15°进行溢流管直径的试验,试验结果见表 6-13。

表 6-13　改变溢流管直径试验结果

溢流管直径/mm	名称	产率/%	品位/%		回收率/%	
			Pb	Zn	Pb	Zn
130	重产品	27.64	3.59	18.02	80.14	80.14
	轻产品	72.36	0.34	1.92	19.86	19.86
	给矿	100.00	1.24	6.37	100.00	100.00

溢流管直径/mm	名称	产率/%	品位/%		回收率/%	
			Pb	Zn	Pb	Zn
150	重产品	24.19	4.34	21.36	78.40	78.40
	轻产品	75.81	0.26	2.06	21.60	21.60
	给矿	100.00	1.28	6.73	100.00	100.00
170	重产品	30.00	3.25	18.15	79.46	79.46
	轻产品	70.00	0.36	1.80	20.54	20.54
	给矿	100.00	1.23	6.70	100.00	100.00
190	重产品	26.88	3.48	19.56	73.55	73.55
	轻产品	73.12	0.46	1.68	26.45	26.45
	给矿	100.00	1.27	6.49	100.00	100.00

由表 6-13 的试验结果可知，当安装倾角为 15°，密度和沉砂口直径固定，随着溢流管的直径逐渐增大，锌精矿品位增加，而铅精矿品位有一定的波动，在重产品中铅、锌的回收率逐渐减小。综合比较，溢流口直径以 130mm 为宜。

6.7 下锥角试验

根据以上综合因素的试验，选定沉砂口直径为 60mm、密度为 $2.45g/cm^3$、安装倾角为 15°进行下锥角的试验，试验结果见表 6-14。

表 6-14 改变下锥角试验结果

下锥角/(°)	名称	产率/%	品位/%		回收率/%	
			Pb	Zn	Pb	Zn
50	重产品	42.71	2.50	14.15	81.97	86.76
	轻产品	57.29	0.41	1.61	18.03	13.24
	给矿	41.99	2.71	14.15	89.92	100.00

下锥角 /(°)	名称	产率/%	品位/%		回收率/%	
			Pb	Zn	Pb	Zn
60	重产品	25.04	4.34	19.63	84.79	73.70
	轻产品	74.96	0.26	2.34	15.21	26.30
	给矿	100.00	1.28	6.67	100.00	100.00
70	重产品	24.19	3.98	21.36	76.97	76.80
	轻产品	75.81	0.38	2.06	23.03	23.20
	给矿	100.00	1.25	6.73	100.00	100.00

由表 6-14 的试验结果可知，当下锥角度数逐渐增大时，锌精矿品位增加明显，铅精矿品位有一定的波动，铅、锌精矿回收率明显降低。综合比较，选定下锥角以 60°为宜。

6.8   安装倾角试验

为了进一步验证密度为 2.45g/cm³ 时安装倾角对矿样重介质选别的影响，选择安装倾角为 0°和 15°的对比试验，试验结果见表 6-15。

表 6-15   验证安装倾角试验指标

安装倾角 /(°)	名称	产率/%	品位/%		回收率/%	
			Pb	Zn	Pb	Zn
0	重产品	24.82	3.98	19.73	78.97	74.50
	轻产品	75.18	0.35	2.23	21.03	25.50
	给矿	100.00	1.25	6.57	100.00	100.00
15	重产品	25.04	4.34	19.63	84.79	73.70
	轻产品	74.96	0.26	2.34	15.21	26.30
	给矿	100.00	1.28	6.67	100.00	100.00

由表 6-15 的结果可知，当安装角度为 15°时，重产品中的铅品位为

4.34%、回收率为 84.79%；当安装角度为 0° 时，重产品中铅品位为 3.98%、回收率为 78.97%。锌基本上是没有明显的变化。综合考虑，推荐双锥重介质旋流器的安装倾角为 0°。通过以上单元试验，找出了适用双锥重介质旋流器处理云南某地地表堆存矿的最佳参数，即溢流管直径为 120mm、沉砂口直径为 65mm、旋流器下锥角为 60°、旋流器安装倾角为 0°，重介质密度为 2.45g/cm³，并以此为基础进行双锥重介质旋流器扩大试验。

6.9　双锥重介质旋流器分选扩大试验

由于重介质的数量不足，难以满足扩大试验的需要，扩大试验规模定为连续投料 500kg。试验流程如图 6-1 所示，试验指标见表 6-16。

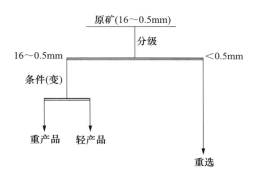

图 6-1　重介质旋流器分选扩大试验流程

表 6-16　重介质旋流器扩大试验综合指标

密度 /g·cm⁻³	名称	产率/%		品位/%		回收率/%				
		作业	原矿	Pb	Zn	Pb		Zn		
						作业	原矿	作业	原矿	
	重产品	25.62	17.20	3.96	19.89	77.77	46.89	73.19	49.74	
2.45	轻产品	74.38	49.92	0.39	2.51	22.23	13.41	26.81	18.22	
	给矿	100.00	67.12	1.30	6.96	100.00	60.30	100.00	67.96	

续表 6-16

密度 /g·cm⁻³	名称	产率/%		品位/%		回收率/%			
		作业	原矿	Pb	Zn	Pb		Zn	
						作业	原矿	作业	原矿
2.40	重产品	31.95	21.45	3.40	17.55	83.30	50.23	80.55	54.74
	轻产品	68.05	45.67	0.32	1.99	16.70	10.07	19.45	13.22
	给矿	100.00	67.12	1.30	6.96	100.00	60.29	100.00	67.95

为了保证扩大试验的可重复性，选取了两个不同介质密度进行对比试验。表6-16的结果表明，重介质旋流器重选选别扩大试验在不同密度下都能够得到较好锌精矿产品，且回收率保证在70%以上。

7 双锥重介质旋流器对锂辉石回收工业推广应用

第5~6章的研究表明，在硫化矿和氧化矿这两类金属矿物选别中，双锥重介质旋流器的半工业试验效果优良。本章以双锥重介质旋流器在四川某地锂辉石矿厂进行了工业试验。该矿区开采的含锂矿物通常具有储量大、品位高的特点。特别是以中粗粒嵌布、细粒嵌布的这两种矿石类型所构成，中粗粒结构的只占40%，由于这部分矿样的品位较高（2.87%Li_2O），故从金属分布的比例来看，中粗粒结构矿石中的锂金属可占到60%左右，这一部分采用重介质分选，效果是较好的；细粒嵌布矿石中的锂辉石在粗粒度下没有单体解离，重介质旋流器分选难以回收，这是锂金属回收率不高的主要原因。因此考虑将这两类矿石分开开采，用双锥重介质旋流器单独选别中粗粒结构的矿石，而不能进入重介质旋流器处理的大于1mm部分（产率占23.59%）可以通过用浮选回收其中的锂辉石。通过最佳工艺流程及对应的工业试验结果证明，双锥重介质旋流器可用于稀有轻金属锂矿高效回收，与传统浮选分离的工业技术经济指标进行比较，该工艺具备了显著优势。

7.1 矿石性质

四川某地锂辉石的矿石性质见表7-1和表7-2。

表 7-1 原矿光谱分析结果 （%）

元素	Ba	Be	Si	Mn	Mg	Pb
含量	<0.01	0.001	>10	0.01	0.1	0.03
元素	Sn	Ga	Al	Mo	V	Ti
含量	0.005	0.003	5	0.003	0.001	0.003

元素	Ca	Cu	Zn	Ni	Co	Fe
含量	0.1	0.007	0.03	0.001	<0.001	1
元素	Y	Nb	Zr	Na	K	Ag
含量	<0.01	0.005	<0.001	>5	3	0.0003

表 7-2　原矿多元素分析结果 （%）

元素	Li_2O	Ta	Nb	Sn	SiO_2	Al_2O_3
含量	1.99	0.00445	0.011	0.023	74.68	15.94
元素	Fe	CaO	MgO	K_2O	Na_2O	TiO_2
含量	0.70	0.49	0.03	1.71	2.70	0.02

7.1.1　粒度分析

原矿破碎到小于 10mm 时的粒度组成及金属分布见表 7-3。

表 7-3　小于 10mm 原矿粒度组成及金属分布

粒级/mm	10~5	5~1	1~0.5	<0.5	合计
产率/%	43.30	33.11	7.92	15.67	100.00
品位（Li_2O）/%	2.11	2.10	1.98	1.81	2.049[①]
分布率/%	44.40	33.45	7.96	14.19	100.00

① 2.049 为样品的平均品位。

7.1.2　主要有用矿物组成及嵌布特征

原矿矿物成分复杂，经电子探针及 X 射线衍射等手段确定主要有用矿物为锂辉石、铌钽铁矿、锰钽铁矿、锰铌铁矿、绿柱石和锡石。主要脉石矿物为石英、白云母、钠长石、微斜长石、正长石等，另有少量金属硫化物、磁铁矿、赤铁矿、褐铁矿、铁锰氧化物及绿帘石、绿泥石、电气石、磷灰石、萤石、绢云母等非金属矿物。

7.1.2.1　锂辉石

锂辉石是主要的工业矿物，属 α 单斜晶系，多为灰白、浅绿色，半自形、自形的板状、柱状、针状晶体或集合体。部分锂辉石颗粒因铁锰氧化物罩盖表面或渗入解理面而呈黑色、褐色等色调。锂辉石硬度为 6.5~7.5、密度为 3.0~3.14g/cm^3，单矿物 Li_2O 含量为 7.67%。矿样中锂辉石最大粒度为 20mm，细粒嵌布矿石中锂辉石的粒度一般为 0.5~1mm。原矿破碎到小于 10mm 各粒级锂辉石单体解离度见表 7-4。

表 7-4　小于 10mm 原矿各粒级锂辉石矿物单体解离度

粒级/mm	10~5	5~1	1~0.5	<0.5
单体解离度/%	51.2	74.9	89.5	>90

7.1.2.2　铌钽矿物

铌钽矿物分布均匀，多数为铌钽铁矿（$(Fe、Mn)(Ta、Nb)_2O_6$），组分中 Fe 与 Mn 及 Ta 与 Nb 呈完全类质同象，组分含量的变化较大，主要与钠长石和白云母共生，呈黑色薄板状、针状产出；密度随矿物中钽含量的增加而增大，一般大于 5g/cm^3、硬度为 5.5；结晶颗粒细小，一般为 0.005~0.2mm。矿石中还含有锰钽铁矿（$MnTa_2O_6$）和锰铌铁矿（$MnNb_2O_6$）独立矿物，其相对含量未做考察。

7.1.2.3　锡石

锡石含量普遍较少，为褐红至棕黑色半自形、自形晶体。呈柱状、不规则粒状产出，偶见膝状、燕尾状双晶。粒度一般为 0.05~0.2mm、密度为 6.76~7.27g/cm^3。

7.2　双锥重介质旋流器分选正交试验

重介质分选试验装置主要由 ϕ500mm 双锥重介质旋流器、重介质配制搅拌桶、重介质输送泵、高位槽及轻产品脱介筛和重产品脱介筛组成。试验时重介质输送泵将配制到一定密度的介质循环送入高位槽，试料给入高位槽与介质混合后进入下方的重介质旋流器分选。重介质旋流器与高位槽之间的高差为 6.5m。每次试验的试料总量约为 50kg。选择重介质旋流器分选的 4 个主要条件进行正交试验，初步掌握主要条件对分选指标的影响规律，并初步确定较好的条件组合。

试验采用硅铁配制重介质，选取四因素三水平正交表安排试验（见表 7-5），各因素的水平安排见表 7-6。

表 7-5　重介质旋流器分选正交试验安排

试验号	介质密度/$g \cdot cm^{-3}$	沉砂口直径/mm	下锥角/(°)	溢流管直径/mm
1	2.1	45	60	110
2	2.2	45	80	95
3	2.3	45	70	120
4	2.1	55	70	95
5	2.2	55	60	120
6	2.3	55	80	110
7	2.1	65	80	120
8	2.2	65	70	110
9	2.3	65	60	95

表 7-6　正交试验各因素的水平安排

水平	介质密度/$g \cdot cm^{-3}$	沉砂口直径/mm	下锥角/(°)	溢流管直径/mm
1	2.1	45	80	95
2	2.2	55	70	110
3	2.3	65	60	120

表 7-7 为正交试验的结果。表 7-8 是以精矿（重产品）回收率与产率的差值（即综合效率）进行统计分析的结果，表 7-9 和表 7-10 分别是以精矿品位和回收率进行统计分析的结果。根据统计分析的结果可知，溢流管直径、沉砂口直径及介质密度对分选指标的影响较大，而旋流器下锥角对分选指标的影响较小（极差大，则影响大）。表 7-9 结果表明，介质密度以 2.3g/cm³ 为佳，密度越高，精矿品位越高。表 7-10 的结果表明，沉砂口直径以 45mm 或 55mm 为好，增大沉砂口直径，精矿回收率上升；旋流器下锥角的影响不

大，以 60°为好；溢流管直径取 110mm 或 120mm 较适宜，增大溢流管直径，有利于提高精矿品位。

表 7-7 重介质旋流器正交试验结果 （%）

试验号	产品名称	产率	品位 Li$_2$O	回收率
1	重产品	50.89	3.23	79.19
	轻产品	49.10	0.88	20.81
	合计	100.00	2.0758	100.00
2	重产品	72.77	2.54	89.58
	轻产品	27.23	0.79	10.42
	合计	100.00	2.0635	100.00
3	重产品	21.78	5.53	56.20
	轻产品	78.22	1.20	43.80
	合计	100.00	2.1431	100.00
4	重产品	86.78	2.36	96.81
	轻产品	13.22	0.51	3.19
	合计	100.00	2.1154	100.00
5	重产品	36.19	4.06	69.93
	轻产品	63.81	0.99	30.07
	合计	100.00	2.1010	100.00
6	重产品	29.79	4.12	61.16
	轻产品	70.21	1.11	38.84
	合计	100.00	2.0067	100.00
7	重产品	58.80	2.85	82.38
	轻产品	41.20	0.87	17.62
	合计	100.00	2.0342	100.00
8	重产品	65.84	2.76	90.02
	轻产品	34.16	0.59	9.98
	合计	100.00	2.0187	100.00

试验号	产品名称	产率	品位 Li_2O	回收率
9	重产品	83.01	2.49	95.52
	轻产品	16.99	0.57	4.48
	合计	100.00	2.1638	100.00

表 7-8   正交试验统计分析结果（按综合效率）

试验号	密度/g·cm^{-3}	沉砂口 直径/mm	锥角/(°)	溢流管 直径/mm	综合效率 E_a/%
1	2.1	45	60	110	28.30
2	2.2	45	80	95	16.81
3	2.3	45	70	120	34.42
4	2.1	55	70	95	10.03
5	2.2	55	60	120	33.74
6	2.3	55	80	110	31.37
7	2.1	65	80	120	23.58
8	2.2	65	70	110	24.18
9	2.3	65	60	95	12.51
$E_{a1水平}$	20.64	26.51	23.92	13.12	
$E_{a2水平}$	24.91	25.05	22.88	27.95	
$E_{a3水平}$	26.10	20.09	24.85	30.58	
极差	5.47	6.42	1.97	17.46	

表 7-9   正交试验统计分析结果（按精矿品位）

试验号	密度/g·cm^{-3}	沉砂口 直径/mm	锥角/(°)	溢流管 直径/mm	精矿品位 E_b/%
1	2.1	45	60	110	3.23
2	2.2	45	80	95	2.54
3	2.3	45	70	120	5.53

试验号	密度/g·cm^{-3}	沉砂口直径/mm	锥角/(°)	溢流管直径/mm	精矿品位 E_b/%
4	2.1	55	70	95	2.36
5	2.2	55	60	120	4.06
6	2.3	55	80	110	4.12
7	2.1	65	80	120	2.85
8	2.2	65	70	110	2.76
9	2.3	65	60	95	2.49
$E_{b1水平}$	2.81	3.77	3.17	2.46	
$E_{b2水平}$	3.12	3.51	3.55	3.37	
$E_{b3水平}$	4.05	2.70	3.26	4.15	
极差	1.23	1.07	0.38	1.68	

表 7-10 正交试验统计分析结果（按精矿回收率）

试验号	密度/g·cm^{-3}	沉砂口直径/mm	锥角/(°)	溢流管直径/mm	精矿回收率 E_c/%
1	2.1	45	60	110	79.19
2	2.2	45	80	95	89.58
3	2.3	45	70	120	56.20
4	2.1	55	70	95	96.81
5	2.2	55	60	120	69.93
6	2.3	55	80	110	61.16
7	2.1	65	80	120	82.38
8	2.2	65	70	110	90.02
9	2.3	65	60	95	95.52
$E_{c1水平}$	86.13	74.99	77.71	93.97	
$E_{c2水平}$	83.17	75.97	81.01	76.79	
$E_{c3水平}$	70.96	89.31	81.55	69.50	
极差	15.16	14.32	3.84	24.47	

从正交试验的统计分析结果可知，旋流器下锥角是最次要的影响因素，其对分选指标的影响较小，故不再进行下锥角的条件试验，旋流器下锥角定为 60°。

7.3   重介质密度试验

为了保证锂矿石分选技术方案的全面与完整性，将加重介质改为硅铁进行试验。

试验的固定条件包括：沉砂口直径为 55mm、溢流管直径为 110mm、溢流管插入深度为 320mm、旋流器下锥的倾斜角度为 60°、安装倾角为 17°、矿介比为 1∶8。

重介质密度试验结果见表 7-11。从表 7-11 可看出，随着介质密度的增加，精矿品位上升，精矿回收率下降。介质密度取 2.3g/cm³ 较适宜。需要说明的是，在进行试验时，硅铁已发生严重变化，重介质黏度异常增大，这影响了精矿品位的提高。后面旋流器安装倾角试验及沉砂口直径试验同样如此。

表 7-11   重介质密度试验结果

密度/g·cm⁻³	产品名称	产率/%	品位 Li₂O/%	回收率/%
	重产品	30.52	4.61	67.39
2.1	轻产品	69.48	0.98	32.61
	合计	100.00	2.0879	100.00
	重产品	25.92	5.11	65.06
2.2	轻产品	74.08	0.96	34.94
	合计	100.00	2.0357	100.00
	重产品	23.16	5.56	62.86
2.3	轻产品	76.84	0.99	37.14
	合计	100.00	2.0484	100.00

密度/g·cm⁻³	产品名称	产率/%	品位 Li₂O/%	回收率/%
	重产品	22.01	5.56	60.84
2.4	轻产品	77.99	1.01	39.16
	合计	100.00	2.0114	100.00

7.4　旋流器安装倾角试验

为了保证锂矿石分选技术方案的全面与完整性，进行旋流器安装倾角试验。

试验的固定条件包括：沉砂口直径为 55mm、溢流管直径为 110mm、溢流管插入深度为 320mm、旋流器下锥的倾斜角度为 60°、重介质密度为 2.3g/cm³、矿介比为 1∶8。

安装倾角试验结果见表 7-12。从表 7-12 的结果看出，旋流器稍微倾斜安装的指标较好，安装倾角以 17°较为理想。

表 7-12　旋流器安装倾角试验结果

安装倾角/(°)	产品名称	产率/%	品位 Li₂O/%	回收率/%
	重产品	24.73	5.14	61.89
0 （水平安装）	轻产品	75.27	1.04	38.11
	合计	100.00	2.0539	100.00
	重产品	25.32	5.21	64.32
17	轻产品	74.68	0.98	35.68
	合计	100.00	2.0510	100.00
	重产品	26.01	5.13	64.56
30	轻产品	73.99	0.99	35.44
	合计	100.00	2.0668	100.00

7.5　沉砂口直径试验

为了保证锂矿石分选技术方案的全面与完整性，进行旋流器沉砂口直径试验。

试验的固定条件包括：溢流管直径为 110mm、溢流管插入深度为 320mm、旋流器下锥的倾斜角度为 60°、安装倾角为 17°、重介质密度为 2.3g/cm³、矿介比为 1：8。

从表 7-13 的结果可知，沉砂口直径对分选指标的影响规律是：增大沉砂口直径，精矿回收率增加，精矿品位略有下降。由于硅铁氧化的原因，试验精矿品位尚不理想。

表 7-13　沉砂口直径试验指标

沉砂口直径/mm	产品名称	产率/%	品位 Li$_2$O/%	回收率/%
45	重产品	24.73	5.21	62.21
	轻产品	75.27	1.04	37.79
	合计	100.00	2.0712	100.00
50	重产品	25.32	5.14	63.77
	轻产品	74.68	0.99	36.23
	合计	100.00	2.0408	100.00
55	重产品	26.51	5.13	65.38
	轻产品	73.49	0.98	34.62
	合计	100.00	2.0802	100.00

7.6　溢流管插入深度试验

为了保证锂矿石分选技术方案的全面与完整性，进行旋流器溢流管插入深度试验。

试验的固定条件包括：沉砂口直径为 55mm、溢流管直径为 110mm、旋流器下锥的倾斜角度为 60°、安装倾角为 17°、重介质密度为 2.3g/cm³、矿介比为 1:8。

溢流管插入深度试验指标见表 7-14。由表中结果可知，随着溢流管插入深度的增加，精矿品位上升，精矿回收率略有下降。为了确保精矿品位，溢流管插入深度取 320mm 较适宜。

表 7-14　溢流管插入深度试验指标

插入深度/mm	产品名称	产率/%	品位 Li_2O/%	回收率/%
220	重产品	23.32	6.07	65.32
	轻产品	76.68	0.98	34.68
	合计	100.00	2.1670	100.00
270	重产品	22.11	6.13	63.50
	轻产品	77.89	1.00	36.50
	合计	100.00	2.1342	100.00
320	重产品	21.86	6.17	62.18
	轻产品	78.14	1.05	37.82
	合计	100.00	2.1692	100.00

7.7　矿介比试验

为了保证锂矿石分选技术方案的全面与完整性，进行矿介比试验。

试验的固定条件包括：沉砂口直径为 55mm、溢流管直径为 110mm、溢流管插入深度为 320mm、旋流器下锥的倾斜角度为 60°、安装倾角为 17°、重介质密度为 2.3g/cm³。

试验前采用 ϕ75mm 旋流器对硅铁进行了处理，处理后试验指标见表 7-15，结果清晰地表明矿介比不能太小，较理想的矿介比为 1:8~1:10。

表 7-15　矿介比试验结果

矿介比	产品名称	产率/%	品位 Li₂O/%	回收率/%
1：3.4	重产品	29.36	4.72	63.45
	轻产品	70.64	1.13	36.55
	合计	100.00	2.184	100.00
1：5.7	重产品	19.78	6.38	57.77
	轻产品	80.22	1.15	42.23
	合计	100.00	2.1845	100.00
1：8.3	重产品	19.97	6.48	60.86
	轻产品	80.03	1.04	39.14
	合计	100.00	2.1264	100.00
1：9.8	重产品	20.67	6.42	61.89
	轻产品	79.33	1.03	38.11
	合计	100.00	2.1441	100.00

7.8　溢流管直径试验

为了保证锂矿石分选技术方案的全面与完整性，进行旋流器溢流管直径试验。

试验的固定条件包括：沉砂口直径为 55mm、溢流管插入深度为 320mm、旋流器下锥的倾斜角度为 60°、安装倾角为 17°、重介质密度为 2.3g/cm³、矿介比为 1：8。

试验主要考查 110mm 和 120mm 两种溢流管直径对分选指标的影响。试验前同样采用 ϕ75mm 旋流器对硅铁进行了处理。由表 7-16 的试验结果可见，溢流管直径为 120mm 有利于保证精矿品位。

表 7-16　溢流管直径试验指标

溢流管直径/mm	产品名称	产率/%	品位 Li_2O/%	回收率/%
	重产品	21.36	6.14	61.36
110	轻产品	78.64	1.05	38.64
	合计	100.00	2.1372	100.00
	重产品	19.97	6.48	60.86
120	轻产品	80.03	1.04	39.14
	合计	100.00	2.0408	100.00

通过单因素条件试验，进一步弄清了各参数对重介质旋流器分选指标的影响规律。对锂辉石矿样来讲，采用硅铁作为重介质，在保证一定的精矿品位和回收率的前提下，较好条件组合是：重介质密度为 2.3g/cm³、旋流器安装倾角为 17°、旋流器下锥角为 60°、溢流管插入深度为 320mm、溢流管直径为 120mm、矿介比为 1∶8、沉砂口直径为 55mm 或 50mm。

7.9　双锥重介质旋流器分选扩大试验

扩大试验规模为连续投料 1t。由于硅铁的数量不足，难以满足扩大试验的需要，决定采用磁铁矿作加重质进行扩大试验。在进行连续投料 1t 的扩大试验之前，先进行了连续给矿 250kg 的预先试验，试验条件包括：沉砂口直径为 40mm、溢流管直径为 120mm、溢流管插入深度为 320mm、旋流器下锥的倾斜角度为 60°、安装倾角为 17°、重介质密度为 2.5g/cm³、矿介比为 1∶8。

扩大试验投料量为 1005.15kg，共进行了两次，试料的损失量共为 51.65kg，平均每次试验的试料损失率约为 2.57%。试验结果见表 7-17。

最终扩大试验结果与浮沉试验结果基本一致，表明双锥重介质旋流器分选锂辉石效果较好，应用前景较佳。

表 7-17　扩大试验最终指标

产品名称	质量/kg	产率/%	品位 Li_2O/%	回收率/%
重产品	177.2	18.58	6.51	57.46
轻产品	776.3	81.42	1.10	42.54
合计（给矿）	953.5	100.00	2.105	100.00

7.10　重介质旋流器工业生产试验

7.10.1　工业试验推广

工业试验的规模为 500t/d，试验周期一个月，具体的当日试验指标如图 7-1 所示。工业试验结果验证，现场部分锂辉石经过重选能够得到优质的产品，重介质精矿 Li_2O 品位平均为 6.08%。

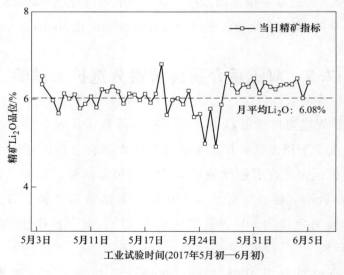

图 7-1　工业试验指标一览

7.10.2　技术经济与环境评价

在工业实践中，药剂消耗与能耗技术经济分析是最重要的评价标准，因此将重介质—浮选联合工艺（见图 7-2（a））与全浮选工艺（见图 7-2（b））生产期间的锂辉石的选矿指标与各种药剂消耗进行汇总分析，表 7-18 为重介质—浮选联合工艺与全浮选工艺的技术经济对比。以四川省某矿厂 2017 年 6 月的数据为例，因为该月全面实现了重介质旋流器的现场实际应用，平均每天节省成本约 5355 元。

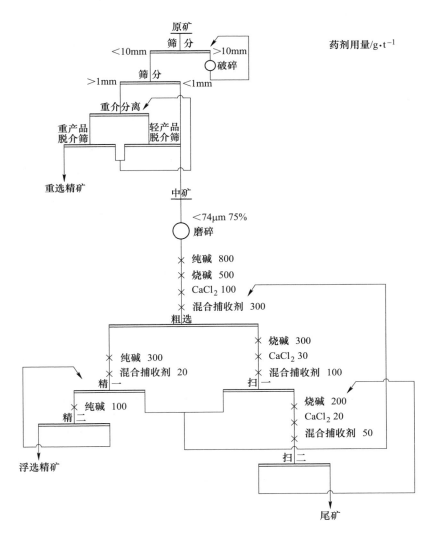

(a)

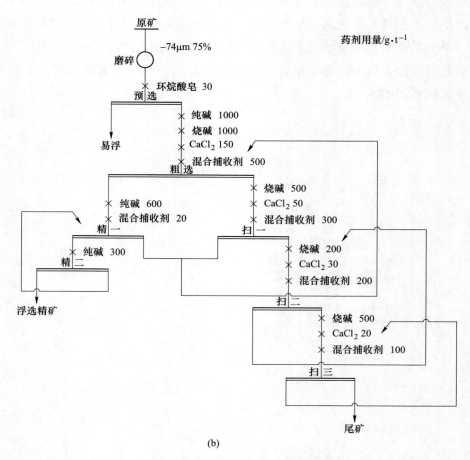

(b)

图 7-2 重介质—浮选联合工艺（a）与全浮选工艺（b）流程对比

（500t/d）

表 7-18 现场老工艺与新工艺的技术经济对比（500t/d）

药剂	单价/元·t^{-1}	全浮选工艺/g·t^{-1}	重介质—浮选联合工艺/g·t^{-1}	单价差值
混合捕收剂	10881.27	1120	470	-7.07
纯碱	1700	1900	1200	-1.19
烧碱	1450	2200	1000	-1.74

续表 7-18

药剂	单价/元·t⁻¹	全浮选工艺/g·t⁻¹	重介质—浮选联合工艺/g·t⁻¹	单价差值
氯化钙	1070	250	150	−0.12
环烷酸皂	6540	30	—	−0.19
电耗/kW·h	0.59	60	45	−0.42
总计	—	—	—	−10.71

附　　录

附录一　流体力学相关公式

概　念	公　　式
液体密度	$\gamma = \rho g$
液体对水的密度比	$S = \dfrac{\rho}{\rho_水}$　　　$\gamma = S\gamma_水$
静力压强差	$\Delta p = \rho g h$
剪应力和速度的关系	$\tau = \mu \dfrac{\mathrm{d}\mu}{\mathrm{d}y}$
三维流场的一般表达	$V = V(x,y,z,t) = u(x,y,z,t)i + v(x,y,z,t)j + w(x,y,z,t)k$
三维流线方程 的一般形式	$\dfrac{\mathrm{d}x}{u} = \dfrac{\mathrm{d}y}{v} = \dfrac{\mathrm{d}z}{w}$
三维流场加速度 的一般形式	$a = u\dfrac{\partial V}{\partial x} + v\dfrac{\partial V}{\partial y} + w\dfrac{\partial v}{\partial z} + \dfrac{\mathrm{d}v}{\partial t}$
三维流场加 速度的 3 个分量	$a_x = u\dfrac{\partial u}{\partial x} + v\dfrac{\partial u}{\partial y} + w\dfrac{\partial v}{\partial z} + \dfrac{\mathrm{d}u}{\partial t}$ $a_y = u\dfrac{\partial v}{\partial x} + v\dfrac{\partial v}{\partial y} + w\dfrac{\partial v}{\partial z} + \dfrac{\partial v}{\partial t}$ $a_z = u\dfrac{\partial w}{\partial x} + v\dfrac{\partial w}{\partial y} + w\dfrac{\partial w}{\partial z} + \dfrac{\partial w}{\partial t}$
三维流场的 连续方程	$\dfrac{\partial u}{\partial x} + \dfrac{\partial v}{\partial y} + \dfrac{\partial w}{\partial z} = 0$
流量的定义式	$\dot{V} = \dfrac{v}{S}$
流量的另一种表达	$AU = \dot{V}$
控制体内质量 的变化率	$\dot{m} = U = \dfrac{\dot{v}}{A}$

续表

概　念	公　　式
控制体出入口进出质量守恒方程	$\rho_1 A_1 U_1 = \rho_2 A_2 U_2$
雷诺数	$Re = \dfrac{\rho UD}{\mu}$
伯努利方程的定义式	$\dfrac{p}{\gamma} + \dfrac{v^2}{2g} + Z = H$
理想条件下伯努利方程	$\dfrac{p_1}{\gamma} + \dfrac{v_1^2}{2g} + Z_1 = \dfrac{p_2}{\gamma} + \dfrac{v_2^2}{2g} + Z_2$
伯努利方程（考虑损耗）	$\dfrac{p_1}{\gamma_1} + \dfrac{v_1^2}{2g} + Z_1 = \dfrac{p_2}{\gamma_2} + \dfrac{v_2^2}{2g} + Z_2 + H_L$
一般情况下的伯努利方程	$\dfrac{p_1}{\gamma_1} + \dfrac{v_1^2}{2g} + Z_1 + H_p = \dfrac{p_2}{\gamma_2} + \dfrac{v_2^2}{2g} + Z_2 + H_t + H_L$
系统动能变化率的一般式	$Q_{net} + W_{net} = \dfrac{dE_{sys}}{dt}$
系统功率的一般式	$P = \dfrac{W}{\Delta t} = \dfrac{Fs}{\Delta t} = Fv = \gamma QH = \dot{m}gH$
一般情况下伯努利方程的 H_p 项	$H_p = \dfrac{\dot{E}_{输送}}{\dot{m}g} = \dfrac{P_{w输送}}{\dot{m}g}$
一般情况下伯努利方程的 H_L 项	$\dot{E}_{loss} = \dot{m}g H_L$
系统效率的一般式	$\eta = \dfrac{E_{out}}{E_{in}}$
水泵的机械效率	$\eta_p = \dfrac{rQH}{P} \rightarrow P = \dfrac{rQH}{\eta_p} = \dfrac{PQ}{\eta_p}$
水力发电机的机械效率	$\eta_t = \dfrac{P}{rQH} \rightarrow P = rQH \cdot \eta_t = PQ \cdot \eta_t$
由动量守恒推导出的二向流体压力式	$F_x = P_1 A_1 \cos\theta_2 - P_2 A_2 \cos\theta_2 + \rho Q(v_1\cos\theta_1 - v_2\cos\theta_2)$ $-F_y = P_1 A_1 \sin\theta_2 - P_2 A_2 \sin\theta_2 + \rho Q(v_1\sin\theta_1 - v_2\sin\theta_2)$
由动量守恒推导出的流体压力方向角	$\alpha = \tan^{-1}\left(\dfrac{-F_y}{F_x}\right)$
喷气式飞机的理想模型	$F = \rho_2 Q_2 v_2 - \rho_1 Q_1 v_1 = \dot{m}_2 v_2 - \dot{m}_1 v_1$

续表

概念	公　式
由角动量定理的 流体力矩	$T = r \times \rho Q(v_2 - v_1) = \rho Q[(r_2 \times v_2) - (r_1 \times v_1)]$
力矩大小	$\lvert T \rvert = \rho Q(r_2 v_{t2} - r_1 v_{t1})$
驱动力矩的功率	$P_w = \lvert T \rvert \omega$
斯托克斯方程 的一般形式	$\rho g - \nabla P + \mu \nabla^2 V = \rho \dfrac{DV}{Dt}$
流体的旋度	$\nabla \times F = \begin{vmatrix} i & j & k \\ \dfrac{\partial}{\partial x} & \dfrac{\partial}{\partial y} & \dfrac{\partial}{\partial z} \\ F_x & F_y & F_z \end{vmatrix} = \left(\dfrac{\partial F_z}{\partial y} - \dfrac{\partial F_y}{\partial z} \right) i + \left(\dfrac{\partial F_x}{\partial z} - \dfrac{\partial F_z}{\partial x} \right) j +$ $\left(\dfrac{\partial F_y}{\partial x} - \dfrac{\partial F_x}{\partial y} \right) k$
x 方向的斯托克斯方程	$\rho g_x - \dfrac{\partial P}{\partial x} + \mu \left(\dfrac{\partial^2 u}{\partial x^2} + \dfrac{\partial^2 u}{\partial y^2} + \dfrac{\partial^2 u}{\partial z^2} \right) = \rho \left(\dfrac{du}{dt} + u \dfrac{du}{dx} + v \dfrac{du}{dy} + w \dfrac{du}{dz} \right)$
二维平面流的 连续方程	$\dfrac{\partial u}{\partial x} + \dfrac{\partial v}{\partial y} = 0$
二维平面流的流函数	$u = \dfrac{\partial \Psi}{\partial y}$ $v = - \dfrac{\partial \Psi}{\partial x}$
极坐标下二维平面 的连续性方程	$\dfrac{1}{r} \dfrac{\partial(r v_r)}{\partial r} + \dfrac{1}{r} \dfrac{\partial v_\theta}{\partial \theta} = 0$
极坐标下二维 平面流的流函数	$v_r = \dfrac{1}{r} \dfrac{\partial \Psi}{\partial \theta}$ $v_\theta = - \dfrac{\partial \Psi}{\partial r}$
笛卡尔坐标系 的势流方程	$\dfrac{\partial^2 \Phi}{\partial x^2} + \dfrac{\partial^2 \Phi}{\partial y^2} + \dfrac{\partial^2 \Phi}{\partial z^2} = 0$
通过势流求 极坐标的速度	$v_r = \dfrac{\partial \Phi}{\partial r}$ $v_\theta = \dfrac{1}{r} \dfrac{\partial \Phi}{\partial \theta}$ $v_z = \dfrac{\partial \Phi}{\partial z}$

续表

概念	公 式
极坐标系的势流方程	$\dfrac{1}{r}\dfrac{\partial}{\partial r}\left(r\dfrac{\partial\Phi}{\partial r}\right)+\dfrac{1}{r^2}\dfrac{\partial^2\Phi}{\partial\theta^2}+\dfrac{\partial^2\Phi}{\partial z^2}=0$
通过势流求笛卡尔坐标系的速度	$u=\dfrac{\partial\Phi}{\partial x}$ $v=\dfrac{\partial\Phi}{\partial y}$ $w=\dfrac{\partial\Phi}{\partial z}$
笛卡尔坐标势流方程和流函数之间的互换	$v_r=\dfrac{1}{r}\dfrac{\partial\Psi}{\partial\theta}$ $v_\theta=-\dfrac{\partial\psi}{\partial r}\Leftrightarrow v_r=\dfrac{\partial\Phi}{\partial r}$ $v_\theta=\dfrac{1}{r}\dfrac{\partial\Phi}{\partial\theta}$
弗劳德数	$Fr\equiv\dfrac{v}{\sqrt{Lg}}$
欧拉数	$Eu\equiv\dfrac{\Delta P}{\rho v^2}$
韦伯数	$We\equiv\dfrac{\rho Lv^2}{\sigma}$
管流在管壁上产生的剪应力	$\tau=\dfrac{\Delta PD}{4L}$
管流在管中的最大速度	$u_{max}=\dfrac{R^2\,\mathrm{d}p}{4\mu\mathrm{d}l}$
管内流量	$Q=\dfrac{\Delta p\pi D^4}{128\mu l}$
管流的平均速度	$u_{avg}=\dfrac{1}{2}u_{max}$

概念	公　式
管流速度关于 半径的函数	$u(r) = \dfrac{1}{4\mu}\left(\dfrac{\Delta p}{L} - \rho g\sin\theta\right)(R^2 - r^2)$
倾斜的管道流量	$Q = \dfrac{\pi D^4}{128\mu l}(\Delta p - \rho g L\sin\theta)$
管道内流体的 摩擦系数	$H_{\mathrm{f}} = f\dfrac{L}{D}\dfrac{v_{\mathrm{avg}}^2}{2g}$ $f = f(Re) = \dfrac{64}{Re}$

附录二　计算流体力学相关公式

概　念	公　式
流体总压	$p = \dfrac{1}{2}\rho v^2 + p$
马赫数	$M = \dfrac{v}{a}$
动力黏度	$\mu = \dfrac{\tau_w}{\dfrac{\partial u}{\partial n}}$
热扩散系数	$\alpha = \dfrac{k}{\rho c_p}$
普朗特数	$P_r = \dfrac{\mu c_p}{k}$
有限体积法（FVM）	守恒方程通用离散化形式： $U_i^{n+1} = U_i^n - \dfrac{\Delta t}{V_i}\left(\sum F_{ij}S_{ij} - \sum F_{ji}S_{ji} \right)$ 离散对流通量：$F_{ij} = F_{ij}(U_i, U_j, \hat{n}_{ij})$ 离散扩散通量：$F_{ij} = A_{ij}\dfrac{U_j - U_i}{d_{ij}}$
SIMPLE 算法	连续方程：$\nabla \cdot v = 0$ 标准压力修正方程：$\nabla^2 p' = \dfrac{\nabla \cdot v'}{\Delta t}$ 速度修正方程：$\dfrac{\partial v'}{\partial t} = \dfrac{-1}{p}\nabla p'$
LBM 方法	方程：$f_i(x + c_i\Delta t, t + \Delta t) - f_i(x, t) = -\dfrac{1}{\tau}[f_i - f_i^{eq}]$ 离散速度设置： $\begin{cases} c_0 = (0,0), & w_0 = 4/9 \\ c_i = (\pm 1, 0),(0, \pm 1), & w_i = 1/9 \\ c_i = (\pm 1, \pm 1), & w_i = 1/36 \end{cases}$ 平衡分布函数：$f_i^{eq} = w_i\rho\left[1 + \dfrac{3 c_i u}{c^2} + \dfrac{9 (c_i u)^2}{2c^4} - \dfrac{3 u^2}{2 c^2} \right]$
Navier-Stokes 方程	连续方程：$\dfrac{\partial \rho}{\partial t} + \nabla \cdot (pv) = 0$ 基本动量方程：$\rho\left[\dfrac{\partial v}{\partial t} + (\nabla \cdot v)v \right] = -\nabla p + \mu \nabla^2 v + f$ 热传导方程：$\rho c_p\left[\dfrac{\partial T}{\partial t} + (\nabla \cdot v)T \right] = k\nabla^2 T$

概念	公　式
RANS 方程	连续方程: $\dfrac{\partial \bar{\rho}}{\partial t} + \nabla \cdot (\overline{pv}) = 0$ Reynolds 平均动量方程(RAME): $\dfrac{\partial}{\partial t} \overline{\rho U_i U_j} = -\dfrac{\partial \bar{p}}{\partial x_i} +$ $\dfrac{\partial}{\partial x_j}\left[(\mu + \mu_t)\left(\dfrac{\partial U_i}{\partial x_j} + \dfrac{\partial U_j}{\partial x_i} - \dfrac{2}{3}\delta_{ij}\dfrac{\partial U_k}{\partial x_k} \right) \right] + \overline{\rho G_i}$ Reynolds 平均能量方程(RAEE): $\dfrac{\partial}{\partial x_i} \overline{\rho h U_j} =$ $-\dfrac{\partial}{\partial x_i}\left(N\mu_t \dfrac{\partial \bar{T}}{\partial x_j} \right) + \overline{\rho c_p G_i U_i} - \dfrac{\partial}{\partial x_j} u_j(p + \rho K)$
LES 方程	Navier-Stokes 方程: $\dfrac{\partial u}{\partial n} + (u \cdot \nabla)u = \dfrac{-1}{\rho}\nabla p + v\nabla^2 u + f$ Smagorinsky LES 模型: $vt = (C_s\Delta)^2 \lvert S \rvert$ 体积力的离散方法: $\int_\Omega f\mathrm{d}\Omega = \int_\Omega \nabla \times r\mathrm{d}\Omega - \int_S r \times n\mathrm{d}S$
离散化方程	$\dfrac{U_i^{n+1} - U_i^n}{\Delta t} = \dfrac{-1}{\rho_i}\nabla p_i + \nu\nabla^2 U_i^n$
涡量方程	$\dfrac{D\omega}{Dt}\omega \cdot \nabla u + \nu\nabla^2\omega$
能量方程	$\dfrac{\partial}{\partial t}(\rho E) + \nabla \cdot (\rho Eu) = \nabla(\kappa\nabla T) + \rho q$
边界条件	固壁无滑移条件: $V = 0$ 固壁无滑移条件: $\dfrac{\partial v}{\partial n} = 0, V_{\tan} = 0$ 入流/出流条件: $V(t = 0)/p(t = T)$ 对称条件: $\dfrac{\partial v}{\partial n} = 0, \dfrac{\partial T}{\partial n} = 0$
非牛顿流体	单方向性流体: $\tau = \eta\dot{\gamma}^\alpha$ 塑性流体: $\tau = f_c\left(\dfrac{\tau}{\tau_y} \right)$ 黏弹性流体: $\sigma = \dfrac{\theta\tau}{\theta t} + G\tau$

附录三　计算流体力学相关概念

名词	解　释
有限体积法（FVM）	将流场分割成控制体（或网格），对每个控制体应用质量守恒、动量守恒和能量守恒方程，离散求解得到数值解
有限差分法（FDM）	将流场划分为网格，并在网格点处使用差分格式离散化采用的偏微分方程，获得每个网格节点上的数值解
边界元法（BEM）	通过边界上的数值解推导出内部场的数值解
贝叶斯优化	在概率模型论证下寻找最优解，通常结合物理知识进行模型训练
雷诺数（Re）	描述了惯性力与黏性力的相对重要性，定义为 $Re = \dfrac{\rho u L}{\mu}$（其中，$\rho$ 为流体密度；u 为特征速度；L 为特征长度；μ 为动力黏度）
动力压缩数（Mach Number）	描述了流体入口处的物理状态，即流体的相对速度与声速的比值，定义为 $Ma = \dfrac{u}{a}$（其中，u 为流速；a 为声速）
应力比	描述了壁面边界层内部应力（剪切应力和法向应力）的分布情况，定义为 $\beta = \dfrac{\tau_{w}}{\rho u^{2}}$（其中，$\tau_{w}$ 为壁面剪切应力；ρ 为流体密度；u 为流速）
局部初向雷诺数（Loal Tangential Reynolos Number，LTR）	描述了在涡旋等高速旋转运动中的摩擦不稳定性和振荡行为，定义为 $LTR = \dfrac{\omega r_{0}^{2}}{\mu}$（其中，$\omega$ 为角速度；r_{0} 为涡环半径；μ 为动力黏度）
库珀数	描述了流体在管道内的传热性能，定义为 $Co = \dfrac{hL}{k}$（其中，h 为传热系数；L 为传热长度；k 为热导率）
质量守恒方程（连续性方程）	$\dfrac{\theta p}{\theta t} + \nabla \cdot (\rho v) = 0$，表示了流体质量在空间和时间上的守恒原理
动量守恒方程	$\dfrac{\theta(\rho v)}{\theta t} + \nabla \cdot (\rho v v^{T}) = -\nabla p + \nabla \cdot \tau$，表示了流体动量在空间和时间上的守恒原理
能量守恒方程（温度传输方程）	$\dfrac{\theta(\rho e)}{\theta t} + \nabla \cdot (\rho e v) = \nabla \cdot (\lambda \nabla T) + \nabla \cdot (k \cdot \nabla v)$，表示了流体能量在空间和时间上的守恒原理，式中，$\rho e$ 为总能量密度；T 为温度；λ 为热导率；k 为动力黏度

名词	解　释
理想气体状态方程	$pV = nRT$（其中，p 为压力；V 为体积；n 为气体物质的量；R 为气体常数；T 为绝对温度）
热力学第一定律（能量守恒定律）	$\Delta U = Q - W$（其中，ΔU 为系统内能变化量；Q 为热传递的热量；W 为系统做功消耗的能量）
熵变原理	$\Delta S \geqslant \dfrac{Q}{T}$（其中，$\Delta S$ 为系统的熵变；Q 为系统所吸收的热量；T 为绝对温度）。熵增加的原因是热量传递引起的分子无序运动，表现为热量越高，熵增加越大
热力学第二定律-卡诺定理	没有机械可逆过程的热能转换装置效率不可能达到 100%。在最理想情形下（完全可逆过程），卡诺热机的效率具有最大值，即 $\eta_{max} = 1 - \dfrac{T_c}{T_H}$（其中，$\eta_{max}$ 为卡诺热机最大效率；T_c 为冷源温度；T_H 为热源温度）
热力学第三定律	绝对零度无限趋近时，任何纯完全晶体的熵都趋近于零。由此得出的结论是，不可能通过有限次操作将系统的温度降至绝对零度，即模拟计算中不存在完美的制冷机
守恒方程	$\dfrac{\theta u}{\theta t} + \nabla \cdot F(u) = S(u)$（其中，$u$ 为守恒变量向量；F 为通量向量；S 为源项向量）。守恒方程用于描述质量、动量和能量在流体力学中守恒的物理规律
一维无黏流动方程	$E = \dfrac{p}{r-1} + \dfrac{1}{2}\rho u^2$ 用于计算一维无黏流体对流。$\dfrac{\theta}{\theta x}\begin{pmatrix} \rho \\ \rho u \\ E \end{pmatrix} + \begin{pmatrix} \rho u \\ \rho u^2 + p \\ u(E+p) \end{pmatrix} = 0$（其中，$\rho$、$u$、$p$ 分别为密度、速度和压强；E 为单位质量流体总能量）
Bingham 模型	$\tau = \tau_0 + k\gamma$，当剪切应力大于一个临界值（τ_0）时才开始流动，流动后的剪切应力与切变率成正比
Herschel-Bulkley 模型	$\tau = \tau_0 + k\gamma \wedge n$，剪切应力与切变率的关系不是线性的
Power-law 模型	$\tau = k\gamma \wedge n$，表明剪切应力与切变率的关系是幂函数
时间离散格式	向前欧拉法、向后欧拉法、并发欧拉法、四阶龙格-库塔法等时间离散格式用于不同的计算流场问题中对时间的离散化处理
增量型高分辨率格式	MUSCL、WENO、ENO 等高精度计算流体力学增量型格式。通过利用高阶神经网络、多项式插值及不同限制器等技术，实现对于激波、冲击等复杂特征更加确切的描述

续表

名词	解　释
湍流模型	RANS、LES 和 DNS 等是常见的湍流模型。其中 RANS（雷诺平均 N-S 方程）主要应用于高雷诺数的湍流问题，LES（大涡模拟）则针对小尺度湍流结构进行模拟，而 DNS（直接数值模拟）则需要在计算过程中考虑所有涡旋长度尺度对浆流场的影响
边界条件	在进行计算流体力学求解时，需要通过设定边界条件来确定流场中各个盘面的物理状态。常见的边界条件有壁面边界条件、入口边界条件和出口边界条件等
网格生成	在进行计算流体力学求解时，需要将流场离散化处理，建立一个离散网格以进行数值计算。网格生成方法主要包括结构化网格和非结构化网格两种
平衡和非平衡化学反应	在计算流体力学中，需要考虑流场被不同化学反应影响的情况。平衡化学反应模型可以使问题简化为热力学平衡系统，而非平衡化学反应模型则需要考虑化学反应动力学过程中的非平衡效应
自适应网格技术	在复杂流动现象中，由于流场存在着不规则和复杂的物理现象，因此需要采用自适应网格技术来调整网格节点位置，以便更好地适应流场的变化
多物理场耦合	在一些复杂的流体力学问题中，需要考虑多个物理场之间的相互作用，如温度场、压力场、化学反应等。这些物理场往往是相互耦合的，因此需要采用多物理场耦合方法进行求解。常用的多物理场耦合方法包括迭代耦合法、松弛法和神经网络法等
多尺度模拟	在不同的时间和空间尺度下进行流体力学仿真，并将不同尺度之间的信息进行有机结合，以获得更全面和准确的仿真结果
神经网络方法	通过大量数据的输入和训练，构建一个复杂的非线性函数关系，以预测和模拟实际问题。在 CFD 领域，神经网络方法已经广泛应用于流场预测、流体边界层控制、气动设计等方面
离散化方法	离散化是将求解域划分成有限个网格，然后在每一个网格上构建代表原问题的离散方程。常见的离散化方法包括有限差分法、有限元法和有限体积法等
显式和隐式时间推进方法	计算流体力学模型中，在时间维度上通常利用显式和隐式时间推进方法来整合时间步长。显式时间推进方法比较容易计算，但要求稳定性条件非常严苛，而隐式时间推进方法具有非常好的稳定性，但计算量相对更大
求解器	CFD 仿真中核心是计算引擎，其主要功能是对离散化后的方程组进行求解，并输出相应的流场参数和物理量。求解器的核心技术包括矩阵求解、迭代算法、时间积分等，常见的求解器包括 OpenFOAM、ANSYS Fluent、COMSOL Multiphysics 等

名词	解 释
迭代求解器	在求解计算流体力学模型时，需要使用迭代求解器来逼近精确解。常见的迭代求解器包括共轭梯度法（CG）、GMRES 方法和 SOR 方法等
重构技术	为了减小数字误差和提高数值解的精度，需要在一些特殊的情况下采用网格单元上的数据重构技术来提高解的精度。该技术包括插值方法、限制器方法和重构方法等
流体-结构耦合	在流体运动和固体结构之间建立相互作用关系，以模拟复杂流体系统的运动和响应特性。流体-结构耦合技术广泛应用于飞行器、桥梁、大坝等工程领域，并在解决实际问题中发挥着重要的作用
耦合方法	计算流体力学模型有时还需要与其他物理场进行耦合分析，比如与结构力学、热传导和电磁场等进行耦合分析。常见的耦合方法包括单向耦合和双向耦合两种
源项和通量项	在计算流体力学模型中，通常将守恒方程分为两部分，即源项和通量项。源项是指在流场中产生的某些质量、动量或者能量的变化；而通量项则是指在流场中某个位置处流过单位面积的质量、动量和能量等物理量
反演问题和最优化问题	在求解计算流体力学模型时，通常需要利用反演方法来确定数值解中的未知量。最优化问题则是通过调整一些参数来寻找最优解，以满足某些指定的约束条件
无量纲化和相似性原理	在计算流体力学中，为了使不同模型之间具有可比性，通常会采取无量纲化方法，例如雷诺数、马赫数和普朗特数等。相似性原理也是计算流体力学研究中的重要原则，可以将实际流动问题缩减为相应的模型，并从中推导出合适的无量纲参量
界面跟踪技术	在涉及多相流和自由面现象的流动问题中，需要进行界面跟踪和表面重建处理。常见的方法包括体素法、级集法和颗粒法等
并行计算技术	在进行大规模流场数值计算时，需要采用并行计算技术来加速计算。常见的并行计算技术包括 MPI、OpenMP 和 CUDA 等

参 考 文 献

［ 1 ］ AZZAM R, OEY W. The utilization of electrokinetics in geotechnical and environmental engineering ［J］. Transport in Porous Media, 2001, 42 （3）: 293-314.

［ 2 ］ LAO A I K, TRAU D, Hsing A. Miniaturized flow fractionation device assisted by a pulsed electric field for nanoparticle separation ［J］. Analytical Chemistry, 2002, 74 （20）: 5364-5369.

［ 3 ］ COUDRAY P, ETIENNE P, MOREAU Y. Integrated optics based on organo-mineral materials ［J］. Materials Science in Semiconductor Processing, 2000, 3 （5）: 331-337.

［ 4 ］ NING Z, MARKUS S, PAKBIN P, et al. Field evaluation of a new particle concentrator-electrostatic precipitator system for measuring chemical and toxicological properties of particulate matter ［J］. Particle & Fibre Toxicology, 2008, 5 （1）: 15.

［ 5 ］ NAKANO M. DC conduction associated with electric field-induced motion in mineral oils ［J］. Electrical Engineering in Japan, 2010, 114 （4）: 1-12.

［ 6 ］ 章新喜, 段超红, 陈清如. 高压电选机内电晕电流和电场的分布规律 ［J］. 煤炭学报, 2002, 27 （5）: 534-538.

［ 7 ］ 何家宁, Daniel T, 张宗华, 等. 电选机电场强度与相对湿度之间的关系 ［J］. 金属矿山, 2006 （6）: 27-29.

［ 8 ］ TENNAL K B, MAZUMDER M K, LINDQUIST D, et al. Triboelectric separation of granular materials ［C］// Ias Meeting. IEEE, 1997.

［ 9 ］ CICCU R, PERETTI R, SERCI A, et al. Experimental study on triboelectric charging of mineral particles ［J］. Journal of Electrostatics, 1989, 23 （89）: 157-168.

［10］ CARTA M, ALFANO G, CARBINI P, et al. Triboelectric phenomena in mineral processing. Theoretic fundamentals and applications ［J］. Journal of Electrostatics, 1981, 10 （2）: 177-182.

［11］ 安振连, 章新喜, 陈清如. 微细粒煤摩擦电选的试验研究 ［J］. 煤炭科学技术, 1998 （6）: 24-26.

［12］ 章新喜, 高孟华, 段超红, 等. 大同煤的摩擦电选试验研究 ［J］. 中国矿业大学学报, 2003, 32 （6）: 620-623.

［13］ DODBIBA G, SADAKI J, OKAYA K, et al. The use of air tabling and triboelectric separation for separating a mixture of three plastics ［J］. Minerals Engineering, 2005, 18 （15）: 1350-1360.

［14］ 郭超. 超微细粒物料的资源回收研究 ［D］. 长沙: 中南大学, 2012.

［15］ RICHARDS A J，许孙曲，徐小妹. 用有序细丝过滤器改进的高梯度磁选法有效地选择人血单核细胞［J］. 生物医学工程学进展，1994（2）：60-61.

［16］ 斯蒂里亚科娃 I，郭秀平，肖力子. 应用生物浸出和磁选法生产玻璃砂［J］. 国外金属矿选矿，2007，44（12）：15-18.

［17］ UGELSTAD J. Magnetic separation techniques：Their application to medicine［J］. Molecular & Cellular Biochemistry，1985，67（1）：11-18.

［18］ MELVILLE D，PAUL F，ROATH S. Fractionation of blood components using high gradient magnetic separation［J］. IEEE Transactions on Magnetics，1982，18（6）：1680-1685.

［19］ OBERTEUFFER J. Magnetic separation：A review of principles，devices，and applications［J］. IEEE Transactions on Magnetics，1974，10（2）：223-238.

［20］ UHLEN M. Magnetic separation of DNA［J］. Nature，1989，340（6236）：733-734.

［21］ LATOUR C D. Magnetic separation in water pollution control［J］. IEEE Transactions on Magnetics，1973，9（3）：314-316.

［22］ ZHU D，SUN D，CHEN Z. Kaolin clay purification by dry high gradient magnetic separation［J］. Transactions of Nonferrous Metals Society of China，1993（1）：22-26.

［23］ WATSON J H P，BEHARRELL P A. Extracting values from mine dumps and tailings［J］. Minerals Engineering，2006，19（15）：1580-1587.

［24］ SMISTRUP K，HANSEN O，BRUUS H，et al. Magnetic separation in microfuidic systems using microfabricated electromagnets—experments and simulations［J］. Journal of Magnetism and Magnetic Materials，2005，293（1）：597-604.

［25］ 王洪彬，黄会春，何桂春. SLon-4000 磁选机回收攀钢钛尾矿中钛的工业试验［J］. 金属矿山，2013，42（8）：104-107.

［26］ 熊大和. SLon 立环脉动高梯度磁选机大型化研究与应用新进展［C］// 中国矿业科技大会，2013.

［27］ 陈文升. 电磁液体分离方法中矿粒受力公式的证明［J］. 吉林大学学报，1980（1）：99-103.

［28］ 向发柱，何平波，陈荩. 脉动高梯度磁分离磁黄铁矿研究［J］. 中南工业大学学报，1997（1）：21-24.

［29］ 高湘海，肖宏，雷晓明，等. 磁选-浮选联合流程在黑钨细泥回收中的应用研究［J］. 有色金属（选矿部分），2013（4）：24-26.

［30］ BAHAJ A S，ELLWOOD D C，WATSON J. Extraction of heavy metals using microorganisms and high gradient magnetic separation［J］. Magnetics IEEE Transactions on，1991，27（6）：5371-5374.

［31］ SVOBODA J，FUJITA T. Recent developments in magnetic methods of material separation［J］.

Minerals Engineering, 2003, 16（9）：785-792.

［32］ CHEN L, ZENG J, GUAN C, et al. High gradient magnetic separation in centrifugal field ［J］. Minerals Engineering, 2015, 78：122-127.

［33］ GRIFFITHS A, DAN T, SEPP A. Optical sorting method：US, 1905828B1 ［P］. 2012.

［34］ NOLEN-HOEKSEMA R C, GORDON R B. Optical detection of crack patterns in the opening-mode fracture of marble ［J］. International Journal of Rock Mechanics & Mining Sciences & Geomechanics Abstracts, 1987, 24（2）：135-144.

［35］ DHOLAKIA K, LEE W M, PATERSON L, et al. Optical separation of cells on potential energy landscapes：Enhancement with dielectric tagging ［J］. IEEE Journal on Selected Topics in Quantum Electronics, 2008, 13（6）：1646-1654.

［36］ KNAPP H, MEUBERT K, SCHROPP C, et al. Viable applications of sensor-based sorting for the processing of mineral resources ［J］. Chem Bio Eng Reviews, 2014, 1（3）：86-95.

［37］ SCHACHENMAYER J, DALEY A J, ZOLLER P. Atomic matter-wave revivals with definite atom number in an optical lattice ［J］. Physical Review A, 2011, 83（4）：1798-1804.

［38］ SCHAPPER M A. Beneficiation at large particle size using photometric sorting techniques ［J］. IFAC Proceedings Volumes, 1976, 9（5）：277-287.

［39］ MULAR B, ANDREW L. Mineral processing plant design ［M］. SEM, 1980.

［40］ FITZPATRICK R S, GLASS H J, PASCOE R D. CFD-DEM modelling of particle ejection by a sensor-based automated sorter ［J］. Minerals Engineering, 2015, 79：176-184.

［41］ ANSELMI B, HARBECK H. Multicolor optical sorting：A large scale application in a feldspar treatment plant in sardinia-italy ［J］. Developments in Mineral Processing, 2000, 13：C11-C19.

［42］ HOJAMBERDIEV M, ARIFOV P, TADJIEV K. Processing of refractory materials using various magnesium sources derived from Zinelbulak talc-magnesite ［J］. 矿物冶金与材料学报（英文版）, 2011, 18（1）：10.

［43］ 袁树云, 沈怀立, 李正昌, 等. 振摆螺旋选矿机的研制及工业试验 ［J］. 有色金属（选矿部分）, 1997（5）：18-23.

［44］ 费里, 刘明鉴. 应用 Reichert 圆锥选矿机和螺旋选矿机分选重矿物 ［J］. 国外金属矿山, 1994（7）：47-53.

［45］ 李华梁. CFD 技术应用于螺旋选矿机结构优化的研究 ［D］. 赣州：江西理工大学, 2016.

［46］ BOUCHER D, DENG Z, LEADBEATER T, et al. PEPT studies of heavy particle flow within a spiral concentrator ［J］. Minerals Engineering, 2014, 62：120-128.

［47］ ATASOY Y, SPOTTISWOOD D J. A study of particle separation in a spiral concentrator ［J］.

Minerals Engineering, 1995, 8 (10): 1197-1208.

［48］ SMALL G L, GRAND S R, RALSTON J, et al. Methods to increase fine mineral recovery in the mount isa mines lead/zinc concentrator ［J］. Minerals Engineering, 1997, 10 (1): 1-15.

［49］ SIVAMOHAN R, FORSSBERG E. Principles of spiral concentration ［J］. International Journal of Mineral Processing, 2015, 15 (3): 173-181.

［50］ MUKHERJEE A K, MISHRA B K. An integral assessment of the role of critical process parameters on jigging ［J］. International Journal of Mineral Processing, 2006, 81 (3): 187-200.

［51］ LIN I J, KNISH-BRAM M, ROSENHOUSE G. The benefication of minerals by magnetic jigging, Part 1. Theoretical aspects ［J］. International Journal of Mineral Processing, 1997, 50 (1): 29-44.

［52］ JONG T P R D, WITTEVEEN H J, DALMIJN W L. Penetration velocities in a homogeneous jig bed ［J］. International Journal of Mineral Processing, 1996, 46 (3/4): 277-291.

［53］ 陈迹. 跳汰选煤的理论与实践 ［M］. 北京: 煤炭工业出版社, 1988.

［54］ 周京军. 动筛跳汰机排矸在煤炭生产中的应用 ［J］. 山西煤炭, 2003, 23 (2): 50-52.

［55］ 赵谋. 动筛跳汰机及其应用 ［J］. 煤炭工程, 2006 (2): 13-15.

［56］ 王忠奎, 张志连. 抚顺老虎台选煤厂生产过程的自动化控制与管理 ［J］. 中国煤炭, 1995 (4): 40-45.

［57］ 丁勇. 一种新型摇床面选别钽铌矿石的工业试验研究 ［J］. 有色金属科学与工程, 2000, 14 (2): 26-28.

［58］ 王琨, 周源, 蒋鸿辉, 等. 摇床选矿过程的三维动态设计与仿真研究 ［J］. 有色金属 (选矿部分), 2005 (3): 31-34.

［59］ 涂燕琼, 蔡虔, 艾光华. 计算机仿真技术在摇床选矿中的应用研究 ［J］. 中国矿山工程, 2006, 35 (5): 43-46.

［60］ 王苹, 陈贵民. 抱伦金矿重选工艺优化及摇床远程操作实践 ［J］. 黄金科学技术, 2014, 22 (1): 60-63.

［61］ 杨冰. 云锡 YKB 新型刻槽摇床的研制及生产应用 ［J］. 矿业研究与开发, 2014 (2): 100-102.

［62］ 王卫星, 黄枢, 陈莨. 摇床上颗粒分选过程的随机数学模型 ［J］. 有色金属 (选矿部分), 1989 (2): 23-28.

［63］ 古山隆, 董晓辉, 雨田. 用摩擦带电静电分选机和风力摇床回收 PVC ［J］. 国外金属矿选矿, 2007, 44 (2): 34-39.

［64］ SIVAMOHAN R. The problem of recovering very fine particles in mineral processing—A review ［J］. International Journal of Mineral Processing, 1990, 28 (3): 247-288.

［65］ ZHANG S, FORSSBERG E. Optimization of electrodynamic separation for metals recovery from electronic scrap ［J］. Resources Conservation & Recycling, 1998, 22 (22): 143-162.

［66］ WASMUTH H D, 汪廷煌. 液压传动摇床———一项重选设备的新研究 ［J］. 国外金属矿选矿, 1992 (6): 46-49.

［67］ MANSER R J, BARLEY R W, WILLS B A. The shaking table concentrator—The influence of operating conditions and table parameters on mineral separation—The development of a mathematical model for normal operating conditions ［J］. Minerals Engineering, 1991, 4 (3/4): 369-381.

［68］ FIRTH B A. Dense Medium Cyclone Control—A Reconsideration ［J］. Coal Preparation, 2009, 29 (3): 112-129.

［69］ NAPIERMUNN T J, WILLS B A. Wills' Mineral Processing Technology ［J］. Butterworth Heinemann, 1988, 93 (1): 259-260.

［70］ CHU K W, WANG B, YU A B, et al. CFD-DEM study of the effect of particle density distribution on the multiphase flow and performance of dense medium cyclone ［J］. Minerals Engineering, 2009, 22 (11): 893-909.

［71］ NAPIER-MUNN T J, LYNCH A J. The modelling and computer simulation of mineral treatment processes-current status and future trends ［J］. Minerals Engineering, 1992, 5 (2): 143-167.

［72］ MAGWAI M K, BOSMAN J. The effect of cyclone geometry and operating conditions on spigot capacity of dense medium cyclones ［J］. International Journal of Mineral Processing, 2008, 86 (1): 94-103.

［73］ WILLS B A, NAPIERMUNN T. Mineral processing technology: An introduction to the practical aspects of ore tretment and mineral recovery ［M］. Pergamon Press, 1988.

［74］ WILLS B A, NAPIERMUNN T. Modelling and simulating dense medium separation processes—A progress report ［J］. Minerals Engineering, 1991, 4 (3/4): 329-346.

［75］ 齐正义. 重介质旋流器选煤的应用 ［J］. 中国矿业, 1998 (5): 46-48.

［76］ 彭荣任. 重介质旋流器分选 50～0mm 不脱泥原煤 ［J］. 煤炭科学技术, 1989 (8): 10-14.

［77］ 谢广元, 欧泽深, 杨建国. 新型 HMCC-400 圆筒重介旋流器的研究及应用 ［J］. 煤炭加工与综合利用, 1996 (4): 62-64.

［78］ PASCOE R D, HOU Y Y. Investigation of the importance of particle shape and surface wettability on the separation of plastics in a LARCODEMS separator ［J］. Minerals Engineering, 1999, 12 (4): 400-431.

［79］ 刘峰, 邵涛, 罗时磊, 等. 无压给料三产品重介质旋流器流场的数值模拟 ［J］. 煤炭学报, 2009, 32 (8): 1115-1119.

［80］ O'SULLIVAN D A. DSM changing face from coal to specialties chemicals firm ［J］. Chemical & Engineering News, 1984, 62 (19): 19-21.

［81］ CHEN J, CHU K W, ZOU R P, et al. Prediction of the performance of dense medium cyclones in coal preparation ［J］. Minerals Engineering, 2012, 31 (5): 59-70.

［82］ TUCKEY K R G, BEKKER E, BORNMANN F. A cyclone for a reason-dense medium cyclone efficiency ［J］. Springer International Publishing, 2016: 1185-1191.

［83］ ROBBEN C, KORTE J D, WOTRUBA H, et al. Experiences in dry coarse coal separation using X-Ray transmission based sorting ［J］. Coal Preparation, 2014, 34 (3/4): 210-219.

［84］ ZHANG X, GUO D. Determination of design parameter for three-product heavy-medium cyclone ［J］. Journal of Coal Science and Engineering, 2011, 17: 96-99.

［85］ VAKAMALLA T R, MANGADODDY N. Rheology-based CFD modeling of magnetite medium segregation in a dense medium cyclone ［J］. Powder Technology, 2015, 277: 275-286.

［86］ SRIPRIYA R, RAO P V T, BAPAT J P, et al. Development of an alternative to magnetite for use as heavy media in coal washeries ［J］. International Journal of Mineral Processing, 2003, 71 (1): 55-71.

［87］ SWAIN S, MOHANTY S A. 3-dimensional eulerian-eulerian CFD simulation of a hydrocyclone ［J］. Applied Mathematical Modelling, 2013, 37 (5): 2921-2932.

［88］ RAZIYEH S, ATAALLAH S G. CFD simulation of an industrial hydrocyclone with Eulerian-Eulerian approach: A case study ［J］. International Journal of Mining Science and Technology, 2014, 24 (5): 643-648.

［89］ NARASIMHA M, SRIPRIYA R, BANERJEE P K. CFD modelling of hydrocyclone—prediction of cut size ［J］. International Journal of Mineral Processing, 2005, 75 (1): 53-68.

［90］ WILCOX D. Turbulence modeling for CFD ［M］. DCW Industries, 1998.

［91］ CHU K W, WANG B, YU A B, et al. CFD-DEM modelling of multiphase flow in dense medium cyclones ［J］. Powder Technology, 2009, 193 (3): 235-247.

［92］ 刘峰, 钱爱军, 郭秀军. 重介质旋流器流场湍流数值计算模型的选择 ［J］. 煤炭学报, 2006, 31 (3): 346-350.

［93］ GUPTA R, KAULASKAR M D, KUMAR V, et al. Studies on the understanding mechanism of air core and vortex formation in a hydrocyclone ［J］. Chemical Engineering Journal, 2008, 144 (2): 153-166.

［94］ DEO S, TIWARI A. On the solution of a partial differential equation representing irrotational flow in bispherical polar coordinates ［J］. Applied Mathematics & Computation, 2008, 205 (1): 475-477.

［95］ 李良超, 徐斌, 杨军. 基于计算流体力学模拟的下沉与上浮颗粒在搅拌槽内的固液悬浮

特性 [J]. 机械工程学报, 2014, 50 (12): 185-191.

[96] 桂晓澜, 周岱, 李俊龙. 基于计算流体动力学法的风场模拟和流/固耦合问题 [J]. 上海交通大学学报, 2012, 46 (1): 158-166.

[97] 张丹, 陈晔. 锥角对固-液水力旋流器流场及其分离性能的影响 [J]. 流体机械, 2009, 37 (8): 11-16.

[98] 王志斌, 褚良银, 陈文梅, 等. 基于高速摄像技术的旋流器空气柱特征研究 [J]. 金属矿山, 2010, 39 (8): 140-143.

[99] 徐继润, 罗茜. 水力旋流器内固液两相间的相对运动 (Ⅰ) ——颗粒运动方程及其求解 [J]. 中国有色金属学报, 1998 (3): 487-491.

[100] 潘宏禄, 史可天, 马汉东. DNS/LES 方法在剪切湍流模拟中的应用 [J]. 空气动力学学报, 2009, 27 (4): 444-450.

[101] 何子干, 倪汉根. 大涡模拟法的二维形式 [J]. 水动力学研究与进展, 1994 (1): 30-36.

[102] 李亮. 基于旋转湍流场的非线性涡粘性模型的研究及其应用 [D]. 杭州: 浙江大学, 2012.

[103] 单永波, 李玉星. 雷诺应力 (RSM) 模型对旋流器分离性能预测研究 [J]. 炼油技术与工程, 2005, 35 (1): 18-21.

[104] 陆耀军, 周力行, 沈熊, 等. 液-液旋流分离管中强旋湍流的 RNG $k\text{-}\varepsilon$ 数值模拟 [J]. 水动力学研究与进展, 1999, 14 (3): 325-333.

[105] LAM S H. On the RNG theory of turbulence [J]. Phys Fluids A, 1992, 4 (5): 1007-1017.

[106] 赵立新, 崔福义, 蒋明虎, 等. 基于雷诺应力模型的脱油旋流器流场特性研究 [J]. 化学工程, 2007, 35 (5): 32-35.

[107] 于学兵, 甄华翔. RNG $\kappa\text{-}\varepsilon$ 与 SST $\kappa\text{-}\omega$ 模型在汽车外流场计算中的比较 [J]. 汽车科技, 2007 (6): 28-31.

[108] 庞学诗. 水力旋流器综合效率评价法 [C]// 旋流分离理论与应用研讨会暨旋流器选择与应用学习班, 2006.

[109] AVCI A, KARAGOZ I. Effects of flow and geometrical parameters on the collection efficiency in cyclone separators [J]. Journal of Aerosol Science, 2003, 34 (7): 937-955.

[110] BRICOUT V, LOUGE M Y. Measurements of cyclone performance under conditions analogous to pressurized circulating fluidization [J]. Chemical Engineering Science, 2004, 59 (15): 3059-3070.

[111] SAENGCHAN K, NOPHARATANA A, SONGKASIRI W. Enhancement of tapioca starch separation with a hydrocyclone: Effects of apex diameter, feed concentration, and pressure drop on tapioca starch separation with a hydrocyclone [J]. Chemical Engineering & Processing

Process Intensification, 2009, 48 (1): 195-202.

[112] AHMED A A, IBRAHEIM G A, DOHEIM M A. The influence of apex diameter on the pattern of solid/liquid ratio distribution within a hydrocyclone [J]. Journal of Chemical Technology & Biotechnology Biotechnology, 2010, 35 (8): 395-402.

[113] Fan J Y, Wu X L, Chu P K. Low-dimensional SiC nanostructures: Fabrication, luminescence, and electrical properties [J]. Progress in Materials Science, 2006, 51 (8): 983-1031.

[114] LAPPLE C E, SHEPHERD C B. Calculation of particle trajectories [J]. Ind. eng. chem, 1940, 32 (5): 605-617.

[115] NOROOZI S, HASHEMABADI S H, CHAMKHA A J. Numerical analysis of drops coalescence and breakage effects on de-oiling hydrocyclone performance [J]. Separation Science & Technology, 2013, 48 (7): 991-1002. .

[116] CHENG B, YU Y. CFD simulation and optimization for lateral diversion and intake pumping stations [J]. Procedia Engineering, 2012, 28: 122-127.

[117] GUARDO A, COUSSIRAT M, LARRAYOZ M A, et al. Influence of the turbulence model in CFD modeling of wall-to-fluid heat transfer in packed beds [J]. Chemical Engineering Science, 2005, 60 (6): 1733-1742.